GABRIELE LINKE-GRÜN

# *DIE UNGLAUBLICHEN FÄHIGKEITEN DER KATZE*

GABRIELE LINKE-GRÜN

DIE UNGLAUBLICHEN
FÄHIGKEITEN
DER KATZE

# INHALT

| | |
|---|---|
| Mythen-Check: »Wenn die Katze schnurrt, geht es ihr gut.« | 30 |
| **EIN GESCHENK DES HIMMELS** | **33** |
| Experten-Check | 37 |
| Begrüßung auf Kätzisch | 39 |
| Wie der Schnurrlaut entsteht | 39 |
| Geschickte Angler | 40 |
| Katzen sind Sprachgenies | 40 |
| Mythen-Check: »Katzen haben sieben Leben.« | 42 |
| **PORTRÄT EINES KATZEN-GENIES** | **47** |
| Experten-Check | 50 |
| Motivation ist alles | 52 |
| Sich strecken und recken | 52 |
| Seltsame Trinkgewohnheiten | 53 |
| Die richtige Beschäftigung | 55 |
| Mythen-Check: »Katzen kann man nicht erziehen.« | 57 |
| **EIN KATER AUF WANDERSCHAFT** | **59** |
| Experten-Check | 63 |
| Was machen Katzen eigentlich nachts? | 64 |
| Gepflegt von Kopf bis Pfote | 65 |
| Feind hört mit – Jagd auf das Mäusevolk | 67 |
| Mythen-Check: »Katzen rotten Vogelarten aus.« | 68 |
| **EINE KATZE, DIE DEN NERVENKITZEL LIEBT** | **73** |
| Experten-Check | 77 |
| Auf Schnupperkurs | 78 |
| Springen mit geballter Power | 80 |
| Im Dunkeln sehen | 80 |
| Blinzeln – oder wie Katzen lächeln | 81 |

| | |
|---|---|
| **VON DER WILDKATZE ZUM SCHMUSETIGER** | **7** |
| Experten-Check | 11 |
| Katzenkinder genießen keinen »Welpenschutz« | 12 |
| Ist Milch das richtige Getränk? | 13 |
| 100 und mehr Katzenkinder ohne Kastration | 14 |
| Die Krallen sind Universalwerkzeuge | 14 |
| So alt werden Katzen | 15 |
| Mythen-Check: »Katzen sind falsch.« | 17 |
| **PFLEGEPERSONAL AUF VIER PFOTEN** | **21** |
| Experten-Check | 24 |
| Starke Persönlichkeiten | 27 |
| Das Zauberwort heißt Miau | 27 |
| Die »närrischen fünf Minuten« | 28 |
| Alle Katzen sind neugierig | 29 |

# INHALT

| | |
|---|---|
| **Mythen-Check:** »Katzen landen immer auf den Pfoten.« | 82 |
| **EIN WACHHUND IM KATZENFELL** | **85** |
| Experten-Check | 89 |
| Der Katzenbuckel | 90 |
| Ständige Begleiter können Nervensägen sein | 90 |
| Warum liegen Katzen so gern im Bett ihrer Menschen? | 91 |
| Wenn Katzen knurren | 92 |
| **Mythen-Check:** »Satte Katzen jagen nicht.« | 95 |
| **EIN KATER ZIEHT UM** | **99** |
| Experten-Check | 103 |
| Auch Katzen haben Träume | 104 |
| Fernsehen und Farben sehen | 105 |
| Gesunde Leckerlis für verwöhnte Katzenzungen | 107 |
| Katzen und ihre »innere Uhr« | 108 |
| **Mythen-Check:** »Alle Katzen sind wasserscheu.« | 109 |

| | |
|---|---|
| **WER BIN ICH – EINER ODER VIELE?** | **113** |
| Experten-Check | 116 |
| Von Katzen- und Menschenjahren | 118 |
| Entwicklungsgeschichte im Schnellgang | 118 |
| Am Nackenfell hochheben und tragen | 120 |
| Die Eroberung der Zitzen | 121 |
| **Mythen-Check:** »Katzen sind Einzelgänger.« | 122 |
| **DIE HOHE KUNST DER DIPLOMATIE** | **125** |
| Experten-Check | 129 |
| Ein Kätzchen vom Bauernhof | 131 |
| Katzensenioren – wenn Mieze alt wird | 132 |
| Gute Aussichten | 134 |
| **Mythen-Check:** »Katzen sind Gewohnheitstiere.« | 135 |
| **ANHANG** | |
| Register | 138 |
| Adressen, Literatur | 140 |
| Autorin & Experten | 142 |
| Impressum | 144 |

# VON DER WILDKATZE ZUM SCHMUSETIGER

*Mimi, ein halb verhungertes, wild lebendes Kätzchen, findet ein liebevolles Zuhause. Es entwickelt sich eine besonders innige Mensch-Katze-Beziehung, wie die folgende Geschichte eindrücklich zeigt.*

# 1

**EINES TAGES STAND DAS KLEINE FELLBÜNDEL** auf der Terrasse unseres spanischen Ferienhauses – ein höchstens vier Wochen altes Kätzchen, das am ganzen Körper zitterte und mit leiser Stimme kläglich miaute. Das schwarz-weiße Fell stand struppig von seinem mageren Körperchen ab, und blutige Abschürfungen über der Nase ließen vermuten, dass das Tierchen vielleicht einen deftigen Pfotenhieb von einer fremden erwachsenen Katze abbekommen hatte, als es ihr zu nahe kam. Katzen kennen nämlich keinen **Welpenschutz***, das wussten wir. Mit großen Augen schaute das Katzenkind meinen Mann und mich an. Als ich mich näherte, wich es ängstlich zurück. Ich lief in die Küche, holte ein Schälchen **Milch*** und stellte es in einigem Abstand zu unserem tierischen Gast auf den Boden. Der Hunger ließ die kleine Katze alle Vorsicht vergessen. Begierig stürzte sie sich auf die Milch und schleckte sie in Windeseile auf. Und dann war sie auf einmal weg.

Am nächsten Tag, fast um die gleiche Zeit, bekamen wir wieder Besuch von der kleinen – offenbar wild lebenden – Mieze. Und sie hatte auch diesmal mächtigen Kohldampf. Sie musste sich wohl allein durchs Leben schlagen, denn von Mutter und Geschwistern fehlte jede Spur. So ging das fast zwei Wochen lang. Das Kätzchen wurde dabei immer zutraulicher, und schließlich durften wir es sogar anfassen und streicheln.

Eigentlich sind mein Mann und ich ausgesprochene Hundefans und hatten nach dem Tod unseres Pudels Salto vor drei Monaten gerade eben beschlossen, wieder einen Hund bei uns aufzunehmen. Aber jetzt war da plötzlich Mimi, denn so hatten wir das Katzenkind genannt. Dank unserer guten Pflege verwandelte sich das einst armselige Fellbündel in den vier Monaten unseres Aufenthalts in Spanien vom Aschenputtel in eine grazile Katzenprinzessin. Zwischendurch hatten wir Mimi dem Tierarzt vorgestellt. Sie wurde gründlich untersucht, geimpft und entwurmt. Für eine **Kastration*** war sie jetzt noch zu jung. »Kätzinnen werden erst ab dem sechsten Monat geschlechtsreif und sollten kurz vor Beginn der Geschlechtsreife kastriert werden«, klärte uns der Tierarzt auf.

Nachdem es doch eine ganze Weile gedauert hatte, bis wir die nötigen Papiere für Mimis Ausreise in den Händen hielten, ging es mit dem Auto zurück nach Deutschland. Das war vor 18 Jahren.

Von da an verbrachten wir drei jeweils mehrere Monate des Jahres in Spanien und in Deutschland. Interessanterweise hatte Mimi von Anfang an keine Schwierigkeiten, sich in beiden Revieren zurechtzufinden. Sie nutzte ihre Freiheit hier wie da für viele, vor allem nächtliche Ausflüge. Einmal fanden wir sie morgens erschöpft und stark speichelnd in ihrem Körbchen. Der Tierarzt stellte eine Vergiftung fest. Um ihr Leben zu retten, bekam sie an mehreren aufeinanderfolgenden Tagen Infusionen. Ich sehe heute noch meinen Mann mit Mimi im Arm in der Tierklinik, wie er leise und beruhigend auf seine »Prinzessin« einredete, während die heilende Infusion in ihren Körper floss. Und Mimi hielt dabei ganz still, so als wüsste sie, dass diese Prozedur lebenswichtig für sie war. Überhaupt war die Beziehung zwischen meinem Mann und Mimi von jeher besonders.

Nach einem Herzinfarkt bekam mein Mann blutverdünnende Medikamente. Selbst bei kleinsten Verletzungen ließ sich der Blutfluss nur schwer stillen. Doch Mimi – das Temperamentsbündel – bevorzugte besonders die wilden Spiele mit uns, etwa wenn wir für sie die Katzenangel schwangen. Und sie liebte es, sich auf den Rücken zu drehen und sich von uns mit einer Hand auf ihrer Brust hin und her ruckeln zu lassen. Im Eifer des Gefechts setzte sie durchaus auch mal ihre **Krallen*** und Zähne ein und hinterließ so manch blutenden Kratzer an meinen Händen. Aber das tat sie niemals bei meinem Mann. Mit ihm ging sie stets vorsichtig, ja geradezu zärtlich um. Ich frage mich seither: »Haben Katzen einen siebten Sinn?« Wusste Mimi, dass schon eine kleine Wunde meinem Mann gefährlich werden konnte?

Als mein Mann Jahre später starb, schien Mimi untröstlich. Sie hatte keinen Appetit mehr und lief suchend und miauend durch die Wohnung. Sie magerte ab, und auch zu Spielchen war sie nicht mehr aufgelegt. Auffallend oft schlief oder döste sie auf dem Lieblingssessel meines Mannes. Auf mich wirkte Mimi regelrecht depressiv. Mehrere Wochen lang legte Mimi dieses Verhalten an den Tag. Sind Katzen in der Lage – ebenso wie wir – Trauer zu empfinden? Kürzlich las ich von einer Katze, die über ein Jahr lang an der Grabstelle ihrer Besitzerin miaute, wehklagte und dort übernachtete. Nur zum Fressen und Trinken kam sie in ihr altes Zuhause zurück, lief aber anschließend sofort wieder auf den Friedhof. Unsere Mimi starb im gesegneten **Katzenalter\*** von 19 Jahren einen altersbedingten, friedvollen Tod. Sie hatte ein schönes Leben, und unseres wurde durch sie über viele Jahre auf wunderbare Weise bereichert.

Wohliges Kuscheln in Frauchens Armen. Dafür gibt es gleich einen »Nasenkuss«.

## EXPERTEN CHECK

### KATJA RÜSSEL
VERHALTENSBERATERIN

Ob Katzen wie Mimi über einen siebten Sinn verfügen, konnte bisher noch nicht wissenschaftlich nachgewiesen werden. Wir denken oft, dass Katzen hellseherische Fähigkeiten haben, übersehen dabei aber schlichtweg ihre andersartige »Sichtweise« auf die Welt. Katzen sehen, hören, riechen nicht nur besser als wir, sondern sie nehmen ihre Umwelt auch anders wahr. Wir Menschen sind Augentiere. Katzen sind eher Geruchs-, Gehör- und Spürtiere.

Inwieweit »wusste« Mimi denn nun, dass sie im Umgang mit ihrem kranken Herrchen etwas zurückhaltender sein musste? Vielleicht nahm Mimi wahr, dass sich der Körpergeruch ihres Herrchens durch die Medikamenteneinnahme verändert hatte. Oder aber sie reagierte auf Veränderungen im Verhalten ihres Menschen. Was genau hinter dem Phänomen steckt, ist bisher noch ungeklärt.

Mimi und ihr Halter hatten von Anfang an einen ganz besonderen Draht zueinander. Das ist in Mimis Fall nicht ungewöhnlich, denn Kätzchen, die zu früh von Mutter und Geschwistern getrennt wurden, binden sich oft eng an ein oder zwei Menschen. Durch die frühe Trennungserfahrung und die damit verbundene fehlende Sozialisierung gegenüber Menschen, die sie sonst als »Freunde« im Katzen-Freund-Feind-System fest abspeichern, verhalten sich solche Kätzchen später allerdings oft misstrauisch gegenüber fremden Menschen. Und das ein Leben lang.

Hätten Katzen keine Gefühle, könnten sie in der Natur nicht überleben. Sie müssen beispielsweise Risiken abschätzen und Furcht empfinden können, um einer gefährlichen Situation aus dem Weg zu gehen. Oder Schmerz spüren, um Gefahren zu erkennen. Sicher können sie auch das Gefühl von Verlust empfinden und einen geliebten Partner vermissen, wenn dieser plötzlich fort ist. Da Mimi und ihr Herrchen sehr eng miteinander verbunden waren, hat sein Tod Mimi aus der Bahn geworfen. Von heute auf morgen war Mimis Leben nicht mehr dasselbe. Auch Tiere brauchen Zeit, um sich an solche drastischen Lebenseinschnitte zu gewöhnen. Doch schon als Katzenkind hat Mimi »Kampfgeist« bewiesen. So konnte sie nach einiger Zeit auch diesen Schicksalsschlag – mit Frauchens Unterstützung – verarbeiten.

✶ **VERTIEFENDE INFOS ZUM TEXT** ✶

**KATZENKINDER GENIESSEN KEINEN »WELPENSCHUTZ«**

Den Begriff Welpenschutz kennen Sie vielleicht aus der Welt der Hundehalter. Gemeint ist damit, dass Hundewelpen bei erwachsenen Vierbeinern eine gewisse Narrenfreit haben und diese ein respektloses Verhalten der Kleinen ihnen gegenüber großzügig dulden. Vorsicht, diese Annahme ist falsch! Weder Hunde noch Katzen haben einen angeborenen Welpenschutz. Hundewelpen genießen im eigenen Rudel eventuell eine etwas höhere Toleranzgrenze, ebenso bei Hunden, die an Welpen gewöhnt sind. Doch generell davon auszugehen, dass ein erwachsener Hund einem jüngeren nichts tut, kann für einen Welpen tödliche Folgen haben.

Bei Katzen verhält es sich nicht anders. Katzenmütter sind fürsorglich und ihren Babys gegenüber nachsichtig, doch lange währt ihre Geduld nicht. Schon bald müssen sich die Kätzchen an die Spielregeln der Katzengesellschaft halten, und ihre Mutter ist mit ihren Erziehungsmaßnahmen nicht gerade zimperlich. Wer's zu bunt treibt, der muss mit einer Ohrfeige per Pfotenhieb rechnen. Junge Katzen haben auch keinen Sonderbonus, wenn sie etwa neu in einem Revier sind und auf erwachsene Katzen treffen.

Sie werden als Eindringling behandelt – angefaucht, verjagt, gekratzt und gebissen wie ein erwachsener Kontrahent (→ Kapitel 6, Seite 73). Wenn Klein Mimi damals in Spanien tatsächlich auf fremde, erwachsene Katzen getroffen ist, hatte sie Glück, dass sie »nur« ein paar Blessuren davontrug.

### IST MILCH DAS RICHTIGE GETRÄNK?

Katzen lieben Milch. Und wer schon einmal vor der Frage stand, was man einer hungrigen kleinen Mieze wie Mimi am besten auf die Schnelle anbietet, kommt automatisch auf ein Schälchen Milch. Das ist in diesem Fall auch nicht weiter schlimm, denn das Kätzchen wurde sicher bis vor Kurzem noch von seiner Mutter gesäugt. Während der Säugephase wird das Enzym Laktase produziert, das hilft den Milchzucker (Laktose) in der Muttermilch zu verdauen. Ist das Katzenkind entwöhnt und bekommt keine Milch mehr, wird die Produktion des Laktase-Enzyms eingestellt. Jetzt verträgt die Katze in der Regel die Milch nicht mehr. Sie bekommt

*Auf den Rundgängen durchs Revier gibt es immer wieder Spannendes zu entdecken.*

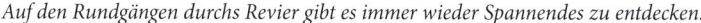

davon Durchfall. Deshalb ist Wasser das richtige Getränk für ausgewachsene Schmusetiger. Trinken ist wichtig, vor allem bei Katzen, die vorwiegend mit Trockenfutter ernährt werden, denn Letzteres enthält nur ca. 10 % Flüssigkeit, im Gegensatz zu Dosenfutter mit bis zu 80 %. Trinkfaulen Katzen kann man Wasser mit einem Schuss Rinderbrühe schmackhaft machen.

### 100 UND MEHR KATZENKINDER OHNE KASTRATION

Katzen sind sehr fruchtbar. Sie können bis zu viermal im Jahr Junge bekommen. Ein Wurf besteht meist aus drei bis vier Kätzchen, manchmal auch sechs. Selbst mit zehn oder zwölf Jahren kann eine Kätzin, die in körperlich guter Verfassung ist, noch Junge gebären. Theoretisch bringt es eine einzige Kätzin in ihrem Leben somit auf 100 und mehr Welpen. Doch der Nachwuchs wild lebender Katzen hat es schwer. Das Futter ist knapp, und Krankheiten sind weit verbreitet – ganz anders als bei unseren wohlbehüteten Hauskatzen, deren Nachkommen die weit besseren Chancen zum Überleben haben. Aber wohin mit all den süßen Kleinen?

Sofern Sie nicht bewusst Katzen züchten möchten, sollten Sie Ihren Stubentiger kastrieren lassen. Darüber hinaus ist es fast unmöglich, mit unkastrierten Tieren zusammenzuleben. Potente Kater spritzen – auch in der Wohnung – mit unangenehm riechendem Urin. Rollige Kätzinnen wälzen sich auf dem Boden und schreien nächtelang laut und ausdauernd nach einem Partner. Der beste Zeitpunkt für die Kastration liegt vor dem Beginn der Geschlechtsreife. Diese tritt bei der Kätzin ab dem sechsten Lebensmonat ein, beim Kater meist zwischen dem achten und zehnten Lebensmonat. Übrigens ist es ein weit verbreiteter Irrglaube, dass eine Kätzin wenigstens einmal Junge bekommen sollte, bevor sie kastriert wird.

### DIE KRALLEN SIND UNIVERSALWERKZEUGE

Mimi kratzt und beißt ihre Besitzerin während des wilden Spiels. In ihrem Jagdeifer übersieht Mieze, dass die Hände kein Beuteobjekt sind. Deshalb sollten Sie Ihre Hände nie beim Spielen mit der Katze einsetzen. Die nadelspitzen Hornkrallen liegen in den Krallenscheiden der Pfoten verborgen und können blitzschnell ausgefahren werden. Damit packt die Katze ihre Beute und hält sie fest. Die Krallen haben aber noch weitere Funktionen.

Mit ihnen verteidigt sich die Katze, und auch zum Klettern, Tasten, Angeln und für die Körperpflege sind sie unverzichtbar. Klar, dass solch ein Universalwerkzeug immer tipptopp in Schuss sein muss.

Bei der Körperpflege beknabbert die Katze ihre Krallen ausgiebig. Dabei werden sie gesäubert und von alten Hornschichten befreit. Und natürlich müssen die Krallen täglich geschärft werden. Freigängerkatzen nutzen dazu Bäume oder andere geeignete Stellen. Katzen in der Wohnung brauchen einen Kratzbaum und weitere erlaubte Kratzmöglichkeiten, wenn Möbel und Teppiche nicht leiden sollen. Beim Einsatz der Krallen werden gleichzeitig Hautdrüsen aktiviert, die zwischen den Zehen sitzen und eine individuelle Duftmischung auf den Untergrund übertragen. So wissen Artgenossen, wer wann hier war und in welcher Gemütslage er sich gerade befand (→ Experten-Check, Seite 129).

### SO ALT WERDEN KATZEN

Creme Puff, die bisher älteste Hauskatze der Welt, lebte in Austin, Texas. Sie wurde 38 Jahre und drei Tage alt. Dieses hohe Alter erreichen unsere Hauskatzen nicht. Die durchschnittliche Lebenserwartung liegt bei 14 bis 15 Jahren, wobei reine Wohnungskatzen gar nicht so selten 20 Jahre und älter werden. Eine gesunde Ernährung, gute Pflege, regelmäßige tierärztliche Betreuung, Bewegung, Beschäftigung und eine gute genetische Veranlagung tragen dazu bei, die Lebenserwartung zu erhöhen.

»

> GOTT SCHUF DIE KATZE, DAMIT DER MENSCH EINEN TIGER ZUM STREICHELN HAT.

«

*VICTOR HUGO*

*Hier oben fühlt sich Mieze nicht nur sicher, sondern kann auch in Ruhe alles beobachten, was sich dort unten so tut.*

## MYTHEN CHECK

### DAS SAGT MAN:
*»Katzen sind falsch.«*

### SO IST ES WIRKLICH:

Katzen zeigen vollen Einsatz, um sich uns verständlich zu machen. Sie setzen ihre Körpersprache, Lautsprache und Mimik ein, und sie beobachten uns genau. Doch wir verstehen sie nicht immer richtig und übersehen oftmals ihre eindeutigen Warnzeichen. Dazu ein Beispiel: Mieze liegt neben Ihnen auf der Couch. Sie haben einen Arm um sie gelegt und kraulen sie unterm Kinn, während Sie fernsehen. Sie registrieren nicht, dass die Katze genug vom Streicheln hat und sich Ihrer Umarmung lieber entziehen möchte.

Ihre Pupillen wurden vor lauter Missmut größer und größer, ihre Ohren haben sich immer weiter nach hinten gelegt, und ihre Schnurrhaare waren alle nach vorne gerichtet. Sie haben ihre Warnzeichen übersehen und nicht reagiert. Weil Ihre Katze sich nicht mehr anders zu helfen wusste, hat sie Ihnen in die Hand gebissen. Empört ziehen Sie den Arm zurück und denken vielleicht: So ein falsches Luder! Die Katze jedoch ist endlich frei und springt von der Couch. Sie ist alles andere als falsch, denn sie hat deutlich zu verstehen gegeben, dass sie genug vom Streicheln hat.

### DAS LERNEN WIR DARAUS:

Wer seine Katze verstehen will, kommt nicht umhin, zumindest die Grundlagen der Katzensprache zu lernen. Und Sie müssen genau hinsehen, um die Körpersprache Ihres Lieblings zu deuten, mit der er Stimmungen ausdrücken und Absichten klarmachen kann.

»
*HUNDE GLAUBEN,*
*SIE SEIEN MENSCHEN.*
*KATZEN GLAUBEN,*
*SIE SEIEN GOTT.*
«

VERFASSER UNBEKANNT

# PFLEGE-PERSONAL AUF VIER PFOTEN

*Zwei Katzen, Momo und Sina, betreuen im Wechsel ein schwerbehindertes Kind. Die beiden erweisen sich als hervorragende Therapeuten, die den kleinen Jungen auf erstaunliche Weise fördern und seine Behinderung lindern.*

# 2

**DIE BEIDEN MAINE-COON-KÄTZCHEN** Momo und Sina hatten eine schöne Kindheit. Sie durften zusammen mit ihren vier Geschwistern aufwachsen und unter der Anleitung und Aufsicht ihrer Mutter alles lernen, was für ihr späteres Leben wichtig ist: Geschicklichkeit, Ausdauer, Bewegungsabläufe und den Umgang mit Artgenossen. Mit drei Wochen entdeckten die Katzenkinder, dass Geschwister tolle Trainingspartner sind. Bruder oder Schwester wurden mit der Pfote angestupst und zum Mitmachen aufgefordert. Erste kleine Balgereien fanden statt, später wilde Verfolgungsjagden und spielerische Scheingefechte. Das Ziel des Trainingsprogramms: »Fit for Life«.

Obwohl die kleinen Katzen aus einem Wurf stammen, haben sie sich inzwischen zu ganz unterschiedlichen **Persönlichkeiten*** entwickelt. Katerchen Momo hat sich als quirlige Plaudertasche entpuppt und zeigt im Gespräch mit seinen Menschen ein beachtliches **Miau-Repertoire***: angefangen vom freundlichen »Me« über ein forderndes »Miiiau« bis hin zum empörten »Au«. Manchmal weiß Momo nicht wohin mit all seiner Energie. Dann rast er plötzlich wie von einer Tarantel gestochen durchs Zimmer, über Tische, Stühle, Bänke und sogar ein Stück die Wand hinauf. Seine Besitzerin bezeichnet dieses verrückte Verhalten als Momos **»närrische fünf Minuten«***. Sina, Momos Schwester, ist das Gegenteil von ihrem Bruder. Sie ist lieb und ganz sanft. Eine ruhige Vertreterin der Katzengesellschaft, eher schweigsam. Vorsichtig gegenüber Neuem, jedoch nicht ablehnend. Inzwischen sind die sechs Katzenkinder 12 Wochen alt und für ein eigenständiges Leben gerüstet. Die Züchterin möchte sie abgeben.

Eine Familie mit einem kleinen, schwerbehinderten Kind interessiert sich für zwei Katzen und hat sich zum Besuch angemeldet. Die Eltern hatten gelesen, dass Tiere helfen können, behinderte Kinder zu fördern. Als die Familie eintraf, setzte die Mutter ihren Sohn Jens auf den Boden zu den sechs Kätzchen. Der Junge leidet an motorischen Störungen und fuchtelt unkontrolliert mit seinen Ärmchen herum, außerdem gibt er merkwürdige Laute von sich. Seine Sehfähigkeit ist stark eingeschränkt. Er kann lediglich zwischen hell und dunkel unterscheiden. Jens schien den Katzenkindern nicht ganz geheuer zu sein, denn vier von ihnen suchten schnell das Weite und ließen sich nicht mehr blicken. Ganz anders Momo und Sina. **Neugierig\*** gingen zuerst der forsche Momo und dann die eher zurückhaltende Sina auf Jens zu und beschnupperten ihn ausgiebig. Sie fanden ihn offenbar interessant. Warum hatten die beiden Katzengeschwister keine Angst vor Jens, während ihre Brüder und Schwestern davonliefen? Jedenfalls war klar, dass Momo und Sina die Auserwählten waren, die dem kleinen Jungen Gesellschaft leisten sollten, oder anders ausgedrückt, die beiden Katzen hatten sich ihrerseits für Jens und seine Familie entschieden. Um ganz sicherzugehen, vereinbarte die Familie einen zweiten Besuch bei der Züchterin – und siehe da, auch jetzt gingen Momo und Sina wieder auf Jens zu, während die anderen Katzenkinder Reißaus nahmen.

Einige Monate nachdem Momo und Sina umgezogen waren, kam eine unglaubliche Rückmeldung von der Familie bei der Züchterin an: Ausgerechnet der wilde Momo legte sich von Anfang an stundenlang zu Jens ins Bett, leckte ihm sanft den Bauch und »plauderte« mit ihm. Nach sechs Wochen streichelte der kleine Junge das erste Mal sanft und gezielt über Momos weiches Fell. Seit einigen Tagen folgte Jens dem Kater selbstständig aus dem Schlafzimmer über den Flur ins Wohnzimmer. Für die Eltern von Jens grenzte dies an ein kleines Wunder, an das sie nach den vielen Stunden Krankengymnastik und anderen Therapien, die ihr Sohn bekommen hatte, nicht mehr glauben konnten. Die beiden Katzen waren offenbar tatsächlich die besten Therapeuten für ihn. Auch Kätzin Sina, Momos Schwester, übernimmt wie selbstverständlich einen Part bei der Betreuung von Jens. Wenn Momo zum Beispiel ein erholsames Schläfchen in seiner Hängeliege an der Heizung macht, die Katzentoilette aufsucht, frisst oder sich gerade anderweitig beschäftigt, ist Sina zur Stelle und betreut Jens bis zum nächsten »Schichtwechsel«. Erstaunlich, wozu Katzen in der Lage sind. Kann es sein, dass sich unter ihnen Individuen finden lassen, die eine besondere soziale Ader haben? Wenn ja, wäre das nicht anders als bei uns Menschen. Auch in unserer Gesellschaft gibt es Personen, die sich mit besonderer Hingabe in Pflegeberufen engagieren.

EXPERTEN
CHECK

---

**BIRGIT RÖDDER**
BIOLOGIN UND VERHALTENSBERATERIN

---

Katzen können hervorragende Therapeuten sein, wenn man sich auf sie einlässt, wie Jens eindrücklich beweist. Untersuchungen haben gezeigt, dass der Umgang mit Katzen gesund für Körper und Psyche ist. Allein die Anwesenheit einer Katze wirkt beruhigend auf uns Menschen, und sie zu streicheln, multipliziert die positiven »Nebenwirkungen«: Der Blutdruck sinkt, der Stoffwechsel wird angeregt, und die Stimmung hebt sich – bei Mensch und Katze. Wegen ihrer sowohl beruhigenden als auch anregenden Wirkung sind immer mehr Katzen in der tiergestützten Arbeit und Therapie im Einsatz. In Altenheimen verbessern sie das Allgemeinbefinden von Senioren, Kindern und Jugendlichen helfen sie bei der Bewältigung von Leseschwächen oder anderen Problemen.

Nicht jede Katze eignet sich für diese anspruchsvolle Tätigkeit. Gefordert sind unter anderem Gelassenheit, auch in ungewohnten Situationen, Freundlichkeit gegenüber Menschen sowie emotionale Stabilität. Bemerkenswert ist, wie schnell Momo und Sina Vertrauen zu Jens gefasst haben. Schließlich weiß man, dass Katzen häufiger mit Erwachsenen Kontakt aufnehmen als mit Kindern und länger in deren Nähe bleiben. Die Gründe sieht man in den meist schnelleren und spontanen Bewegungen der Kinder sowie in ihrer direkten und schnellen Annäherung. Und bei Jens sind diese »abschreckenden« Merkmale sogar noch deutlicher ausgeprägt. Erfreulicherweise halten sich nicht alle Lebewesen an statistische Mittelwerte. Warum also hatten die beiden Katzen keine Angst vor Jens, während ihre Geschwister davonliefen?

Die Antwort liegt wohl in der Individualität der Katzen. Wir wissen, dass Katzen – wie wir Menschen – Individuen sind. Jede besitzt eine einzigartige Kombination unterschiedlich ausgeprägter Persönlichkeitsmerkmale. Allein bei dem Beispiel »Menschenfreundlichkeit« reicht die Bandbreite von scheu bis anhänglich, mit vielen Zwischenstufen. Es ist also durchaus möglich, dass Sina und Momo sich durch ihre soziale Kompetenz von ihren Geschwistern unterscheiden und Jens sozusagen adoptiert haben. Dass Momo Jens' Bauch ableckt, kann dann als »Fremdputzen« (Allogrooming) gedeutet werden, eine besondere Pflege nur unter Freunden. Allerdings tritt eine solche »soziale Ader« in diesem jungen Alter gewöhnlich noch nicht in Erscheinung. Ebenso möglich ist es, dass sich die beiden Kätzchen von Jens' Geruch angezogen fühlten. Wie Persönlichkeitsmerkmale so sind auch Geruchsvorlieben individuell. So lieben beispielsweise zwei Drittel aller Hauskatzen

*Katzen tun uns gut. Sie haben einen positiven Einfluss auf Körper und Psyche.*

> *ZEIT IST WIE EINE VERSPIELTE KATZE. SIE UMSCHMEICHELT EINEN UND SCHLABBERT DEN TAG AUF WIE EINE SCHALE MILCH.*

HENRY FORD

*Katzenminze, ein Drittel kann damit nichts anfangen oder weicht diesem Geruch sogar aus. Wir müssen noch viel forschen, um den Geheimnissen unserer Katzen auf die Schliche zu kommen. Bis dahin genießen wir einfach, wie Jens und seine Eltern, die Vorzüge und Annehmlichkeiten ihrer Gesellschaft.*

## VERTIEFENDE INFOS ZUM TEXT

### STARKE PERSÖNLICHKEITEN

Jede Katze ist einzigartig, eine Individualistin in höchstem Maß. Die kleinen Jäger unterscheiden sich in ihrem Charakter, ihrem Temperament, sie entwickeln Vorlieben und Eigenarten, selbst wenn sie aus einem Wurf stammen. Es gibt Diven unter ihnen, scheue Rehe, Draufgänger, Angsthasen, Dominante, Unterwürfige, Plauderer, kleine Genies und einige mehr. Die Persönlichkeit wird einerseits durch bestimmte Gene beeinflusst, die die Wesenszüge vererben, zum anderen geprägt durch eine glückliche oder unglückliche Kindheit beziehungsweise positive und negative Erfahrungen. Man kann davon ausgehen, dass in den ersten acht Lebenswochen das Fundament zur Persönlichkeit einer Katze gelegt wird. Hat sie in dieser wichtigen Prägungsphase zum Beispiel gute Erfahrungen mit Menschen gemacht, merkt sie sich das für ihr ganzes Leben und ist dementsprechend aufgeschlossen. Allerdings kann sich das Wesen der Samtpfote auch verändern, etwa durch andere Lebensumstände oder ein traumatisches Erlebnis. Manchmal reicht sogar schon ein Klaps als Erziehungmaßnahme aus, um Mieze ängstlich oder aggressiv zu machen.

### DAS ZAUBERWORT HEISST MIAU

Hauskatzen verfügen über das größte Lautrepertoire aller Lebewesen – mit Ausnahme des Menschen. Zu diesem Schluss kamen amerikanische Wissenschaftler nach dem Auswerten zahlreicher Tonbandaufnahmen.

Die kleinen Tiger können aus verschiedenen Grundlauten unterschiedlichste Zwischentöne bilden und so ihre Sprache individuell abwandeln. Interessanterweise haben auch taube Katzen das gleiche Lautrepertoire wie ihre hörenden Artgenossen. Um sprechen zu lernen, brauchen sie im Gegensatz zu uns keine Rückmeldung des Gehörs. Der bekannteste Laut der Katze ist das Miauen. Katzenkinder miauen, wenn sie nach der Mutter rufen, weil sie Hunger haben, frieren, sich fürchten oder in einer anderen misslichen Lage sind. Die fürsorgliche Mutter reagiert sofort auf den Hilferuf und schafft das Problem aus der Welt. Heranwachsende und erwachsene Katzen benutzen diesen kindlichen Laut untereinander nicht mehr – wohl aber lebenslang im Zusammenleben mit uns Menschen.

Und das hat seinen besonderen Grund. Die kleinen Tiger werden von uns mit Futter versorgt, gepflegt und beschützt. Sie fühlen sich bei uns sicher und geborgen. Wir sind sozusagen ihr Muttertier auf zwei Beinen. Im Laufe der fast 10 000 Jahre, die sie mit uns nun schon zusammenleben, haben die kleinen Schlaumeier im Pelzkleid gelernt, uns ihre Wünsche und Befindlichkeiten per Miau mitzuteilen. Wissenschaftler fanden heraus, dass die Rufe der Katze uns gegenüber mehr als 16 verschiedene Bedeutungen haben können. Die kleinen Tiger setzen diese Laute ganz gezielt ein. Sie benutzen dabei eine Melodie, deren Klang sie variieren. Das fand die schwedische Wissenschaftlerin Susanne Schötz heraus. Sie konnte anhand einer akustischen Analyse der Rufe nachweisen, dass zum Beispiel das Miau einer verängstigten Katze einen Bogen schlägt und dann der Ton steil abfällt: »MIII-au«. Eine bettelnde Katze hingegen zieht die Stimme am Ende hoch: »Miii-AAAAU«. Wer eng mit seiner Katze zusammenlebt, kann schon bald die verschiedenen Miau-Rufe unterscheiden und weiß, was seinen Vierbeiner gerade bewegt – ob er beispielsweise hungrig, freundlich gestimmt, liebebedürftig, verängstigt, empört oder fordernd ist.

### DIE »NÄRRISCHEN FÜNF MINUTEN«

Momo rast urplötzlich wie eine Rakete von 0 auf 100 durchs Zimmer und verhält sich einige Minuten so, als wäre er völlig durchgedreht. Dieses Phänomen ist vor allem bei Wohnungskatzen zu beobachten. Obwohl noch nicht wissenschaftlich belegt, handelt es sich hierbei offenbar um einen sogenannten Triebstau. Freigänger-Katzen können ihren Jagdtrieb jederzeit ausleben. Sie sind Stunden damit beschäftigt, ihr Revier zu durchstreifen, sich an die Beute heranzupirschen und sich auf die Lauer zu legen. Sie sind mit ihren Jagdzügen ausgelastet und haben, wenn sie Beute machen, ein großartiges Erfolgserlebnis. All das fehlt Wohnungskatzen, die sich oft langweilen und deshalb die Zeit mit Dösen totschlagen. Die aufgestaute Energie muss aber dann und wann abgebaut werden, darum die »närrischen fünf Minuten«. Wohnungskatzen brauchen viele Actionspiele, am liebsten zusammen mit ihrem Menschen. Schwingen Sie zum Beispiel die Katzenangel, lassen Sie Lichtpunkte an der Wand »tanzen«, Bällchen rollen oder werfen Sie kleine Leckerlistückchen, die Ihre Katze fangen muss.

### ALLE KATZEN SIND NEUGIERIG

Katzen gehören zu den neugierigsten Tieren der Welt. Dieser Forscherdrang ist ein Zeichen von Intelligenz, denn nur wer der Sache auf den Grund geht, kann seinen Erfahrungsschatz erweitern. Die kleinen Tiger erforschen unbekanntes Terrain, untersuchen intensiv neue Gegenstände oder fremde Personen, so wie Momo und Sina Jens beschnuppert haben. Im Freien stößt Mieze auf unendlich viel Interessantes. Stubentiger hingegen brauchen spannende »Untersuchungsobjekte« wie Kartons, Dosen, Papiertüten (ohne Henkel), offene Schubladen oder Schränke. Toll, wenn Mieze dabei auch noch ein Leckerli als Lohn fürs Forschen findet.

> »DAS LEBEN UND DAZU EINE KATZE, DAS GIBT EINE UNGLAUBLICHE SUMME.«
>
> RAINER MARIA RILKE

## MYTHEN CHECK

---

### DAS SAGT MAN:
*»Wenn die Katze schnurrt, geht es ihr gut.«*

---

### SO IST ES WIRKLICH:

Das stimmt. Aber Katzen schnurren auch, wenn sie Schmerzen haben, verletzt oder stark gestresst sind (→ Seite 39). Geschnurrt wird zur Beschwichtigung – vor allem von Katzen, die ängstlich und unsicher sind oder sich bedroht fühlen. Kätzinnen schnurren während der Geburt und des Säugens, um ihren Kleinen Sicherheit und

»Mir geht es so richtig gut.«
Nach der Siesta auf der weichen
Couch wird sich ausgiebig
gestreckt und geräkelt.

Geborgenheit zu vermitteln. Und auch die Katzenkinder können schon mit zwei Tagen schnurren und signalisieren ihrer Mutter damit: »Es geht mir gut.« Die Mutter ihrerseits schnurrt, wenn sie ins Nest zurückkommt. Sie kündigt damit an: »Keine Panik, ich bin's nur.« Auch die Wurfgeschwister schnurren untereinander, wenn sie eng aneinandergekuschelt liegen. Erwachsene, wild lebende Katzen schnurren nur selten. Im Gegensatz dazu die Hauskatze. Katze und Kater setzen ihr Schnurren gegenüber uns Menschen häufig ein. Grund dafür ist, dass sie in unserer Obhut lebenslang Katzenkinder bleiben. Interessanterweise gibt es bei den Schnurr-Einsätzen große Unterschiede. Ausgesprochene Schmusetiger schnurren häufiger als kühler veranlagte Miezen. Es gibt laute und leise Schnurrer, Dauer-Schnurrer oder solche, die diesen Laut nur zu besonderen Anlässen hervorbringen.

### DAS LERNEN WIR DARAUS:

Katzen sind wahre Meister im Verbergen von Krankheiten. Ein Anzeichen für starke Schmerzen kann jedoch auch lautes Schnurren sein. Beobachten Sie Ihren kleinen Tiger deshalb stets ganz genau.

# EIN GESCHENK DES HIMMELS

*Hannibal hat seinen Lieblingsmenschen gesucht und gefunden. Die Beziehung ist inzwischen so gefestigt, dass sein Halter glaubt, sein Kater und er seien seelenverwandt. Lesen Sie selbst, wie es dazu kam.*

# 3

**AN EINEM EISKALTEN WINTERMORGEN** vor acht Jahren stand Hannibal an unserer Terrassentür und begehrte kläglich miauend Einlass. In seinem plüschigen, grauen Fell hatten sich Eisklümpchen gebildet, was darauf schließen ließ, dass er bereits stundenlang oder sogar die ganze Nacht in der Kälte ausgeharrt hatte. Woher kam er? Konnte er sein Zuhause nicht mehr finden, oder hatte man ihn ausgesetzt? Ich öffnete die Tür und ließ das frierende Fellbündel ins warme Wohnzimmer. Mit aufgestelltem Schwanz lief Hannibal direkt auf mich zu, rieb sich an meinem Bein und **begrüßte**\* mich mit freundlichem Maunzen. Ich gestehe: Hannibal hatte von der ersten Minute an mein Herz im Sturm erobert. Evelyn, meine Frau, holte in der Küche etwas Fressbares für unseren tierischen Gast. Mit dem Döschen Thunfisch hatte sie wohl direkt ins Schwarze getroffen. Kein Krümel blieb mehr im Schälchen zurück, und danach leckte sich Hannibal genüsslich das Mäulchen.

Ich hatte mich, während Hannibal seinen Hunger stillte, auf die Couch gesetzt, ihm beim Fressen zugesehen und mich darüber gefreut, wie gut es ihm schmeckte. Nach der Mahlzeit waren Streicheleinheiten angesagt. Ein Sprung auf die Couch, und Hannibal nahm wie selbstverständlich neben mir Platz. Er schaute mich auffordernd an und miaute nachdrücklich. Natürlich konnte ich dieser Charmeoffensive nicht widerstehen und begann sanft über sein weiches, inzwischen fast trockenes Fell zu streicheln. Die reinste »**Schnurrorgie**«\* war sein Dank. Übrigens wusste ich zu dieser Zeit noch gar nicht, dass Hannibal ein Kater war. Das fand ich erst später heraus. Den Rest des Tages verschlief unser vierbeiniger Gast.

Wir fragten inzwischen in der Nachbarschaft nach, ob jemand eine Katze vermisse oder etwas von einer entlaufenen Katze gehört habe. Schließlich war der Kater eine kleine Schönheit, ein Britisch-Kurzhaar-Mix mit recht gepflegtem Fell. Er musste doch jemandem gehören. Aber niemand konnte uns weiterhelfen. Am Abend, nach seinem stundenlangen Schläfchen, entließ ich Hannibal in den Garten. Vielleicht wollte er sich ja jetzt doch auf den Heimweg machen. Er folgte mir zwar, blieb aber immer in meiner Nähe, und als ich wieder ins Haus ging, trottete er wie ein treuer Hund hinter mir her. Und so blieb Hannibal erst einmal bei uns. Auch eine Anzeige in der Regionalzeitung und die Meldung unserer »Findelkatze« beim Ordnungsamt brachten keinen Hinweis auf Hannibals rechtmäßigen Besitzer. Ehrlich gesagt war ich maßlos glücklich darüber, obwohl ich auch ein wenig Bedenken wegen unserer Kois im Gartenteich hatte. Manche Katzen sind ja bekanntlich **geschickte Angler***. Fische passen also durchaus ins Beuteschema der kleinen Raubtiere. Doch Hannibal zeigt bis heute keinerlei Interesse an den Kois. Vielleicht sind sie ihm einfach zu groß. Allerdings bezieht er gern Beobachtungsposten am Teich und schaut fasziniert zu, wie die Kois im Wasser ihre Bahnen ziehen.

Obwohl ich keine Katzenerfahrung hatte, verstanden Hannibal und ich uns schon nach kurzer Zeit »blind«. Die **Katzensprache*** musste ich nicht mühsam lernen. Ich wusste von Anfang an, wann Hannibal Hunger hatte, er nach draußen wollte oder ihm nach Schmusen zumute war. Mein Kater wiederum spürte scheinbar genau, wann ich Aufmunterung brauchte oder lieber meine Ruhe haben wollte. Wenn es so etwas wie Seelenverwandtschaft zwischen Katze und Mensch geben sollte – hier war sie meiner Meinung nach. Im Lauf der Jahre wuchsen Hannibal und ich eng zusammen. Er empfängt mich zuverlässig vor dem Garagentor, wenn ich von der Arbeit nach Hause komme. Evelyn schwört, dass Hannibal etwa eine Viertelstunde vor meiner Ankunft Position bezieht, obwohl von mir weder etwas zu hören noch zu sehen ist. Haben Katzen tatsächlich so etwas wie eine innere Uhr oder ein so feines Gehör, dass sie Motorgeräusche aus großer Entfernung wahrnehmen und auch unterscheiden können? Interessanterweise scheint Hannibal sogar zu wissen, wenn ich auf Geschäftsreise bin und übernachte. An solchen Tagen bezieht er keine Warteposition vor dem Garagentor, sondern bleibt im Haus. Aber auch ich habe einen Draht zu Hannibal, sogar aus der Entfernung. Ich spüre, wenn er meine Hilfe braucht. Gibt es eine Telepathie zwischen Katze und Mensch? Schon den ganzen Morgen hatte ich bei der Arbeit ein komisches Gefühl wegen Hannibal. Ich wusste, dass Evelyn ebenfalls nicht daheim war. In der Mittagspause fuhr ich nach Hause, um nach Hannibal zu sehen. Ich fand ihn blutend unter einem Strauch im Garten. Offenbar hatte er sich einen heftigen Kampf mit dem aggressiven Nachbarskater geliefert und dabei den Kürzeren gezogen. Gott sei Dank konnte der Tierarzt Hannibal retten. Ein anderes Mal wurde er versehentlich von Nachbarn in deren Garage eingeschlossen. Ich befand mich gerade auf Dienstreise, als Evelyn mir am Telefon von Hannibals Verschwinden berichtete. Mein erster Gedanke: Hannibal ist irgendwo eingeschlossen! Mein Kater und ich sind ein prima Team, und manchmal glaube ich, er wurde mir vom Himmel geschickt.

Mit ihrem untrüglichen Spürsinn suchen sich viele Katzen ihre Menschen selbst aus.

EXPERTEN
CHECK

---

DR. IMMANUEL BIRMELIN
VERHALTENSFORSCHER

---

Katzen sind starke Persönlichkeiten. Sie verfolgen hartnäckig ihr Ziel und bedienen sich dabei bewusst bestimmter Verhaltensstrategien, um zu erreichen, was sie wollen. Wenn es zum Beispiel um das Ergattern eines Extrahappens geht, setzen Katzen oft einen herzzerreißenden Klage- und Bettellaut ein, der uns vermuten lässt, dass dieses arme Tier kurz vor dem Hungertod steht. Hannibal wiederum belagert so lange die Terrassentür und jammert um Hilfe, bis er schlussendlich ins Haus gelassen wird.

Im Lauf der Zeit entwickelt Hannibal eine eindeutige Präferenz für den Herrn des Hauses. Dass für Katzen im Zusammenleben mit dem Menschen eine Bezugsperson wichtig ist, gilt inzwischen als wissenschaftlich belegt. Sie suchen beim Menschen Sicherheit, Beruhigung und Bestätigung. Das fanden Dr. Isabella Merola und ihr Team von der Universität Mailand heraus. Insgesamt 24 Katzen und ihre jeweilige Bezugsperson nahmen an dem Experiment teil. Dabei befand sich jeweils eine Katze mit ihrem Halter in einem Raum, in dem ein Ventilator mit bunten Plastikbändern stand, die beim Einschalten des Gerätes zu flattern begannen. Für die Katze ein durchaus beängstigendes und irritierendes Szenario. Die Bezugsperson im Raum war angehalten, beim ersten Durchgang des Experiments neutral beziehungsweise gelassen zu reagieren, sobald die Bänder in Bewegung kamen, beim nächsten Mal verstört, unruhig und dann schließlich ausgesprochen positiv. Das Ergebnis: Die Katzen orientierten sich stark am Verhalten ihres Menschen, so wie es Hunde in einem analogen Versuch taten.

Hannibal bezieht regelmäßig vor dem Garagentor Stellung, bevor sein Herrchen von der Arbeit nach Hause kommt. Fakt ist, dass Katzen einen fantastischen Zeitsinn haben ( → Seite 108) und ein vielfach besseres Gehör als wir ( → Seite 67). Möglicherweise verrät auch Evelyns Verhalten dem Kater, dass Herrchen bald nach Hause kommt oder heute eben nicht kommt. Katzen beobachten uns Menschen nämlich sehr aufmerksam.

Kein Katzenhalter, der eine besonders enge Beziehung zu seinem Stubentiger hat, wird bezweifeln, dass es zwischen ihm und seiner Katze eine Art Seelenverwandtschaft gibt. Nur wissenschaftlich bewiesen ist diese These noch nicht. Der Verhaltensbiologe Kurt Kotrschal, Professor an der Universität Wien, ist allerdings der Seelenverwandtschaft zwischen Hund und Mensch auf die Spur gekommen und belegt dies auch in seinem Buch »Hund & Mensch. Das Geheimnis unserer Seelenverwandtschaft«.

*Sicher und geborgen – vollkommen entspannt schläft Mieze auf der Kuscheldecke.*

## ✶ VERTIEFENDE INFOS ZUM TEXT ✶

### BEGRÜSSUNG AUF KÄTZISCH

Wie begrüßt Sie Ihr kleiner Tiger, etwa wenn Sie von der Arbeit nach Hause kommen und er Sie schon sehnsüchtig erwartet hat? Viele Katzen lieben bestimmte Rituale, also beispielsweise – ganz nach Katzenart – die Begrüßung von Nase zu Nase. Andere lecken gern Gesicht und Hände ihres Menschen. Aus Katzensicht ein toller Liebesbeweis. Manche blinzeln ihren Menschen an (→ Seite 81). Wenn sich zwei erwachsene Katzen gegenseitig putzen, meist an Stellen wie Kopf und Nacken, die für sie selbst nur schwer zu erreichen sind, ist dies ein Beweis tiefer Zuneigung. Das stärkt die Bindung zueinander und sorgt für einen gemeinsamen »Familiengeruch«. Und auch wir sind ja nach Miezes Verständnis große, zweibeinige Katzen. So kommt Hannibal mit aufgestelltem Schwanz und maunzend auf den Menschen zu, reibt sich an dessen Bein. Oft stellen sich die kleinen Tiger zusätzlich auf die Hinterbeine. Auch hier versucht die Katze eine Begrüßung, wie sie unter Artgenossen üblich ist. Sie reibt sich, um ihren Individualgeruch zu übertragen, und stellt sich auf die Hinterbeine, um vielleicht doch noch – trotz des Größenunterschieds – eine Kopf-an-Kopf-Begrüßung möglich zu machen. Ein weiterer Willkommensgruß ist es, sich auf den Rücken zu rollen und auffordernd zu schauen. Die Präsentation der verletzlichen Bauchseite ist ein großer Vertrauensbeweis, der nur befreundeten Artgenossen und vertrauten Menschen zuteil wird.

### WIE DER SCHNURRLAUT ENTSTEHT

Katzen können stundenlang und ohne Pause schnurren (→ Seite 30). Wenn Mieze mit halb geschlossenen Augen auf Ihrem Schoß sitzt und wohlig schnurrt, sollten Sie einmal die Hand sanft an ihre Kehle legen. Dort können Sie den Schnurrlaut am stärksten fühlen. Dieses Geräusch wird im Kehlkopf erzeugt, lässt aber auch den Brust- und Bauchraum vibrieren. Die Katze besitzt neben den Stimmbändern Vorhoffalten, die auch »falsche

Stimmbänder« genannt werden. Man geht heute davon aus, dass die Atemluft beim Ein- und Ausatmen über diese Hautfalten streicht und sie zum Schwingen bringt. Ob der Luftstrom das Schnurren durch ein passives Flattern der Vorhoffalte auslöst oder zu schnellen Kontraktionen der Kehlkopfmuskulatur führt, ist immer noch nicht eindeutig geklärt.

## GESCHICKTE ANGLER UND NOCH VIEL MEHR

Mäuse stehen natürlich an erster Stelle auf dem Speiseplan der Katze. Ein ausgewachsenes Tier muss im Jahr zwischen 5000 und 7000 Mäuse fangen, um satt zu werden. Kein Wunder, dass schon die alten Ägypter die Katze als Schädlingsbekämpfer schätzten, die ihre Kornkammern von den kleinen Nagern weitgehend frei hielt. Aber auch Ratten, kleinere Vögel, junge Kaninchen, größere Insekten, Frösche, Eidechsen, Schlangen, Fische und sogar wehrhafte Marder und Wiesel, die ja selbst Raubtiere sind, bereichern die Menükarte. Doch eines gilt grundsätzlich: Die Katze jagt immer allein. Je nach Beutetier wendet sie verschiedene Jagdtechniken an.

Beim Maus-Anschleichen pirscht sie sich an das Beutetier heran, legt sich regungslos und geduckt auf die Lauer und wartet ab, bis die Maus in Reichweite ist. Mit einem gezielten Sprung stürzt sie sich auf die Beute, hält sie mit den Pfoten fest und setzt den Tötungsbiss in der Nackenregion.

Das Vogel-Abschlagen ist eine wahre Meisterleistung der Katze. Durch akrobatische Sprünge kann die Beute mit einem Tatzenhieb auf den Boden befördert werden. Doch Katzen erbeuten weniger Vögel als behauptet, und sie sind nicht an der Ausrottung von Vogelarten schuld (→ Seite 68).

Die Angel-Spezialisten warten am Gewässerrand, bis ein Fisch an die Wasseroberfläche schwimmt. Mit einem gezielten Pfotenhieb wird er »über die Schulter« geworfen und aufs Trockene befördert. Dann dreht sich die Katze blitzschnell herum und packt den Fisch. Doch nicht jede Katze ist geschickt im Angeln. Hannibal etwa interessieren Fische überhaupt nicht.

## KATZEN SIND SPRACHGENIES

Sie schnurren und fauchen, wälzen und räkeln sich, sie buckeln, reiben ihre Köpfe und wetzen ihre Krallen. Kaum ein anderes Tier ist in der Lage, sich so differenziert auszudrücken wie die Katze. Sie beherrscht drei Sprachen

*Freundliche Begrüßung auf Katzenart: ein Nasenküsschen für den Lieblingsmenschen*

perfekt: Lautsprache (→ Seite 92), Körpersprache und Duftsprache. Kombiniert sie die einzelnen Ausdrucksformen miteinander, entsteht ein klares Bild ihrer Stimmungen und Forderungen. Zeigt die Katze zum Beispiel dem Gegner die Breitseite, macht einen Buckel, sträubt ihr Fell, stellt den Schwanz in einem Bogen vom Körper ab, hat stark erweiterte Pupillen, eng angelegte Ohren und faucht zornig, weiß jeder sofort, dass mit diesem Zerberus nicht gut Kirschen essen ist. Und wenn sich die Katze vor Ihnen räkelt, dazu in höchsten Tönen miaut, ist klar, dass sie gestreichelt werden möchte oder zu einer Spielrunde auffordert. Die Duftsprache ist vor allem für Katzen unter sich von großer Bedeutung (→ Seite 130). Uns bleibt diese Duftwelt fast gänzlich verschlossen, denn Katzen können um ein Vielfaches besser riechen als wir Menschen (→ Seite 78).

MYTHEN CHECK

DAS SAGT MAN:
»*Katzen haben sieben Leben.*«

SO IST ES WIRKLICH:
Das stimmt natürlich nicht. Aber woher kommt dieser Aberglaube? Im Mittelalter, genauer gesagt zur Zeit der Hexenverfolgung, galten besonders schwarze Katzen als dämonische Begleiter der Hexen. Katzen standen im Ruf, das Böse zu verkörpern.

Um sie loszuwerden, bediente man sich grausamer Methoden. So warf man Katzen beispielsweise von Kirchtürmen. Doch viele von ihnen überlebten diesen Sturz (→ Seite 82). Und was folgerten die Menschen daraus? Die Katze müsse ein Dämon sein, der mehr als nur ein Leben hat. Warum man ihr aber sieben Leben zuschrieb, lässt sich wahrscheinlich darauf zurückführen, dass die Zahl Sieben zur damaligen Zeit in der christlich-katholischen Kirche eine bedeutende Rolle spielte. Es gab zum Beispiel die sieben Todsünden, die sieben Sakramente und die sieben Tugenden. Zudem erschuf Gott die Welt, laut Bibel, in sieben Tagen. Nach einem englischen Sprichwort werden der Katze gar neun Leben zugeschrieben, was möglicherweise auf die Mythologie der Kelten zurückgeht, die damals Großbritannien besiedelten. Die Zahl Neun symbolisierte für die Kelten das Göttliche.

### DAS LERNEN WIR DARAUS:

Auch Katzen haben nur ein Leben. Gesund alt werden heißt also die Devise. Eine artgerechte Haltung, gesunde Ernährung und gute Pflege tragen ebenso dazu bei wie turnusgemäße Besuche beim Tierarzt, Schutzimpfungen und regelmäßiges Entwurmen.

*Zwei, die sich schon lange kennen und prima verstehen*

» WENN DU IHRE ZUNEIGUNG VERDIENT HAST, WIRD EINE KATZE DEIN FREUND SEIN, ABER NIEMALS DEIN SKLAVE. «

THÉOPHILE GAUTIER

# PORTRÄT EINES KATZEN-GENIES

Katzen sind von Haus aus clever, aber manche gehören zweifellos in die Kategorie »hochbegabt«. Zu diesen Überfliegern zählt Josy. Ihr Besitzer ist natürlich stolz auf das kleine Genie. Aber Genies können auch anstrengend sein ...

# 4

**JOSY IST EINE WUNDERSCHÖNE,** vier Jahre alte Thai-Kätzin. Ihre Rasse gilt als temperamentvoll, besonders neugierig, überaus gesprächig und sehr intelligent. Thai-Katzen sind äußerst menschenbezogen und fordern uneingeschränkte Aufmerksamkeit. Ja, diese Beschreibung passt auf Josy wie die Faust aufs Auge. Schon als Zwerg fiel sie durch ihre verrückten Ideen und ihre superschnelle Auffassungsgabe auf. Eines Tages entdeckte sie zum Beispiel, dass die Klopapierrolle einen Heidenspaß bringt, wenn man sie mit einem Pfotenhieb aus der Halterung befördert, auf dem Boden durch die Wohnung kullern lässt und sie schließlich zu kleinen Fetzen verarbeitet.

Wenn Chris, ihr Besitzer, gerade keine Lust oder Zeit hat, sie zu streicheln oder mit ihr zu spielen, setzt sich Josy gekonnt in Szene. Sie plant einen Überfall. Die Kätzin versteckt sich hinter einem langen Vorhangschal und lauert Chris auf. Wenn er nichts ahnend vorbeikommt, stürzt sie aus dem Hinterhalt hervor und wirft sich vor seine Füße. Zugegeben, eine gefährliche Sache, denn Chris könnte sie aus Versehen treten oder stürzen. Doch glücklicherweise gab es bisher noch keine »Unfallopfer«. Zwar erschreckt sich Chris regelmäßig bei den Attacken, doch dann nimmt er – vor lauter schlechtem Gewissen – seine kapriziöse Katzendame auf den Arm und streichelt sie ausgiebig. Toll gelaufen! Von wegen keine Zeit … Josy merkt sich: Überfall = Aufmerksamkeit = Streicheleinheiten.

Josy lernt gern, vor allem dann, wenn es ihr einen Vorteil bringt. Als sich Chris den Knöchel verstaucht hatte und einige Tage nicht laufen konnte, kam er auf die Idee, Josy das Apportieren beizubringen. Er nahm ihre Lieblings-Stoffmaus in die Hand. Die Kätzin beobachtete ihn gespannt. Dann warf er die Maus mit anfeuernden Worten durchs Zimmer. **Motivation\*** ist alles. Mit einem mächtigen Sprung über die Couchlehne setzte die Kätzin der Stoffmaus nach und »erbeutete« sie. Ein fragender Blick zu Chris, der sie jetzt mit lockender Stimme dazu anhielt, ihm die Maus zurückzubringen, damit er sie erneut werfen konnte. Und schon hatte Josy kapiert. Sie legte ihm die Maus vor die Füße und bekam dafür ein

Leckerli. Die Sache schien sich für sie zu lohnen, deshalb machte die Katze das Spielchen noch mehrmals mit. Aber dann verlor sie urplötzlich die Lust und entschied sich lieber für ein paar **Streckübungen\*** am Kratzbaum. Aber so ist das eben mit Katzen. Josy kann natürlich noch viel mehr, zum Beispiel Türen öffnen – nicht nur Zimmertüren, nein, auch die Kühlschranktür, hinter der es allerlei Verführerisches für verwöhnte Katzenzungen gibt. Zimmertüren zu öffnen, ist für Josy eine leichte Übung. Sie springt auf den Griff und drückt durch ihr Gewicht die Klinke nach unten. Aber auch Chris hat Lösungen parat. Die Türen haben jetzt statt Klinken Drehknöpfe, und der Inhalt des Kühlschranks ist durch eine Kindersicherung vor der Selbstbedienungsmentalität seiner klugen Katze geschützt.

Josys Erfindungsreichtum ist grandios. Kürzlich entdeckte sie die Walnüsse auf dem Tisch als Zeitvertreib. Die Nüsse ließen sich prima auf dem Boden durch die Wohnung kicken. Durch Zufall landete eine Nuss per Pfotenhieb in der Badewanne, was herrlich schepperte. Die nächste Nuss beförderte Josy dann ganz gezielt in die Wanne. Sie nahm sie ins Mäulchen, sprang auf den Wannenrand und ließ sie von dort aus in die Wanne plumpsen. Als vier Nüsse in der Wanne lagen, sprang sie hinterher und spielte damit »Fußball«. Ein absolut unterhaltsamer Zeitvertreib für den kleinen Schlaumeier im Fellkleid, denn die Nüsse rollten von ganz allein auf den Wannenboden zurück, von wo aus Josy sie wieder und wieder mit gezielten Pfotenhieben nach oben kicken konnte.

Josy hat seltsame **Trinkgewohnheiten\***. Am liebsten trinkt sie direkt vom Wasserhahn und spielt leidenschaftlich gern mit den Wassertropfen. Den Einhebelwasserhahn im Badezimmer kann Josy im Schlaf bedienen. Nur schließen kann sie ihn nicht. Das merkte Chris schon mehrfach an seiner Wasserrechnung, nämlich dann, wenn er seine Wohnung verließ und vergaß, die Badezimmertür zu schließen. Obwohl Chris stolz auf seine schlaue Josy ist, kann das Zusammenleben mit einem Katzen-Genie sehr anstrengend sein. Josy möchte stets im Mittelpunkt stehen, sie braucht **Beschäftigung\*** ohne Ende und in jedem Fall eine strenge Aufsicht. Und es ist nicht leicht, dem Superhirn immer einen Schritt voraus zu sein ...

# EXPERTEN CHECK

## DR. IMMANUEL BIRMELIN
VERHALTENSFORSCHER

Auch in der Katzengesellschaft gibt es – ebenso wie bei uns – unterschiedlich hoch Begabte. Es gibt Katzen, die besonders intelligent sind und gut Probleme lösen können, aber auch Tiere, die geistig träge sind. Mein Team und ich haben in zahlreichen Versuchen die Intelligenz von Katzen erforscht. Die Ergebnisse waren erstaunlich: Katzen können denken und bis vier zählen, Mengen erfassen, und sie haben ein physikalisches Verständnis. Sie erkennen zum Beispiel, dass ein Stein fest auf dem Boden liegt. Rollt er aber, dann muss ihn jemand bewegt haben. Doch natürlich gab es bei den Probanden Unterschiede. Die einen begriffen eine Aufgabe nur schwer oder gar nicht, die anderen dagegen lösten das Problem mit links. Die Thai-Kätzin Josy gehört mit ihrer extrem schnellen Auffassungsgabe und ihrem unerschöpflichen Erfindungsreichtum sicher zu den hochbegabten Katzenvertretern.

In unseren Tests konnten wir nachweisen, dass Katzen denken können. Dabei müssen sie eine bestimmte Situation im Kopf durchspielen. An eine lustige Begebenheit kann ich mich in diesem Zusammenhang noch sehr gut erinnern. Vor der geschlossenen Glastür saß ein Hund. Hinter der Tür die Katze vor ihrem gefüllten Napf. Doch das Futter war nicht mehr ganz frisch. Schnell hatte diese Katze eine Lösung gefunden: Sie sprang auf die Türklinke und ließ den Hund herein. Der stürzte sich gierig auf das Katzenfutter – ein guter Grund für den kätzischen Schlaumeier, zu seinem Frauchen zu rennen und sich laut miauend zu beschweren. Und schon wurde der Napf mit frischem Futter gefüllt.

## PORTRÄT EINES KATZENGENIES

Bei der Intelligenz der Katze spielen genetische Einflüsse wahrscheinlich – ebenso wie bei uns – eine gewisse Rolle. Fest steht jedoch, dass sich sowohl die körperliche Entwicklung als auch das Lernverhalten der Jungen verzögern, wenn die Kätzin in der Schwangerschaft mangelernährt ist. Sehr entscheidend ist auch, welche Erfahrungen Katzenkinder in der wichtigen Prägungsphase zwischen der zweiten und siebten Lebenswoche machen. Wachsen sie in einem reizarmen Umfeld auf, reagieren sie später auf neue Situationen oft ängstlich und lernen langsamer. Bietet man ihnen viele Sinneseindrücke und Erfahrungsmöglichkeiten, fördert dies die Neugierde und das Erkundungsverhalten. Es macht fit im Kopf. Deshalb ist es besonders für reine Wohnungskatzen wichtig, ein abwechslungsreiches Umfeld und genug Anregungen zu bekommen. Verändern Sie zum Beispiel den Geruch in der Wohnung, indem Sie etwas von draußen mitbringen, wie Zweige oder Moos.

*Achtung, kreative Katze! So wird die Toilettenrolle zum lustigen Zeitvertreib.*

## VERTIEFENDE INFOS ZUM TEXT

### MOTIVATION IST ALLES

Wer seiner Mieze das Spielzeugmäuschen oder die Katzenangel einfach vor die Nase hält, darf sich nicht wundern, dass sie sich gelangweilt abwendet. So macht Spielen keinen Spaß. Wenn sich aber die »Beute« bewegt und Sie den kleinen Tiger mit Worten anfeuern, gibt es kein Halten mehr. Der Jagdeifer ist entfacht. Bauen Sie Spannung auf, indem Sie Ihren Liebling mit lockender Stimme rufen und ihm die Beute zeigen. Bewegen Sie diese langsam vor der Katze hin und her. Lassen Sie Ihrem kleinen Jäger Zeit zum Lauern und Anschleichen. Jetzt wird's noch aufregender: Die Beute bewegt sich immer schneller, vor und zurück, seitwärts, im Zickzackkurs, vielleicht auch über den Stuhl, die Couch oder unter eine Decke. Fordern Sie Mieze zum Fangen der Beute auf. Zum Schluss darf sie natürlich die Jagdtrophäe in den Pfoten halten und sich an ihr abreagieren. Auch für das Einüben von kleinen Kunststücken sind viele Katzen zu haben – vor allem dann, wenn es sich für sie lohnt. Die schlaue Josy lernt das Apportieren, weil Chris am Ende immer ein Leckerli für sie parat hat. Und natürlich spielt dabei auch das Anfeuern eine wichtige Rolle.

### SICH STRECKEN UND RECKEN

Wie wunderbar beginnt der Tag, wenn wir uns morgens im Bett noch einmal so richtig räkeln, dehnen und strecken und dann mit Elan aufstehen. Es entsteht ein Wohlgefühl, das Katzen ebenso zu schätzen wissen wie wir. Beim Strecken werden die im Schlaf verkürzten Muskeln und Sehnen mit sanftem Zug gelockert, das Dehnen aktiviert den Kreislauf und den gesamten Organismus. Untersuchungen haben sogar bewiesen, dass beim Räkeln und Gähnen Glückshormone freigesetzt werden, die gute Laune machen und zur Hebung der Stimmung beitragen. Mieze zelebriert nach jedem Nickerchen das entspannende Aufwachritual in immer gleicher Abfolge. Und eine kleine Streckübung zwischendurch ist gut für den Rücken.

## SELTSAME TRINKGEWOHNHEITEN

Katzen können offenbar Wasserqualitäten unterscheiden. So lehnen etwa viele Katzen frisches Leitungswasser ab, weil es – je nach Region – zu viel Chlor enthält. Andere bevorzugen abgestandenes Wasser aus Regenpfützen und aus dem Blumentopfuntersetzer oder trinken hin und wieder auch mal aus der Kloschüssel. Und manche stillen ihren Durst am Gartenteich oder an einem Brunnen. Übrigens schadet das Trinken von abgestandenem Wasser Ihrer Katze nicht, auch nicht aus der Regenpfütze.

Die Trinkvorlieben sind ganz unterschiedlich. Josy beispielsweise trinkt direkt vom Wasserhahn, am liebsten, wenn das Wasser vor sich hin tropft, denn sie spielt auch gern mit den Tropfen. Diese Vorliebe teilt sie mit vielen Katzen. Manche Samtpfoten fühlen sich besonders durch plätscherndes oder quellendes Wasser zum Trinken animiert. Bei ihnen kommt ein Zimmerbrunnen oder gar ein spezieller Trinkbrunnen für Katzen gut an. Aber warum lassen Katzen den frisch gefüllten Wassernapf neben dem Futternapf einfach links liegen? Dafür gibt es eine Erklärung: Die wilden Vorfahren unserer Hauskatze, die Falbkatzen, sind in den trockenen Steppen und Savannengebieten Nordafrikas zu Hause. Hier gibt es wenig Wasserstellen, und die Wege dorthin sind oft weit. Dem hat sich die Katze angepasst. Ihre Nieren können mehr Wasser zurückhalten, als dies bei anderen Tierarten der Fall ist. So ist es ihr möglich, über längere Zeit

» 
*AUS KATZENSICHT GEHÖRT VON A BIS Z ALLES DEN KATZEN.*
«

VERFASSER UNBEKANNT

auch ohne Wasser auszukommen. Zudem deckt sie einen Teil ihres Flüssigkeitsbedarfs über die erlegte und verzehrte Beute, sodass die Katze nicht unmittelbar nach der Mahlzeit Wasser trinken muss. Vor einigen Jahren erregte der Fall von Kater Simba Aufsehen. Er wurde in einer Wohnung, die komplett renoviert werden sollte, unbemerkt in einen Badewannensockel eingemauert. Erst nach vier Wochen hörte zufällig jemand Simbas leises Maunzen. So lange hatte er ohne Futter und Wasser überlebt. Er war zwar enorm abgemagert, erholte sich aber schließlich wieder.

Auch in unseren Hauskatzen steckt noch das Erbe ihrer wilden Vorfahren. Die Mehrzahl der kleinen Tiger bekommt Dosenfutter, das bis zu 80 Prozent aus Wasser besteht (eine Maus bis zu 70 Prozent). Einen Großteil ihres Flüssigkeitsbedarfs können Katzen allein über die Nahrungsaufnahme abdecken. Deshalb sind Katzen im Allgemeinen nicht besonders durstig. Und sie schätzen es, wenn Wasser- und Futternapf nicht direkt nebeneinanderstehen, sondern sie zur »Quelle wandern« müssen.

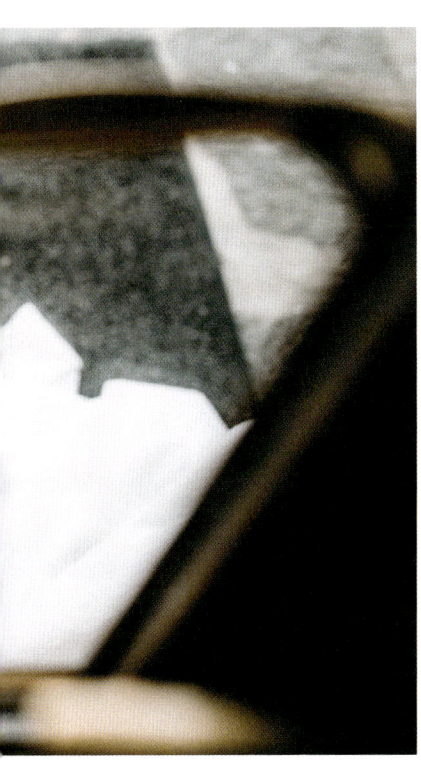

*Clevere Katzen lassen sich nicht aussperren, sondern suchen eine Lösung, wie sie sich selbst Zutritt verschaffen können.*

### DIE RICHTIGE BESCHÄFTIGUNG FÜR CLEVERCHEN

Auch wenn nicht alle Katzen Genies auf vier Pfoten sind wie die Kätzin Josy, so wollen ihre grauen Zellen doch beschäftigt sein. Vor allem Wohnungskatzen brauchen dringend »geistige Nahrung«, um fit im Kopf zu bleiben. Man weiß heute, dass das Gehirn durch Lernen und Üben in jedem Alter trainiert werden kann. Stellen Sie Ihrem kleinen Tiger also immer mal wieder eine kleine Denksportaufgabe. Auf dem Markt gibt es inzwischen eine Vielzahl empfehlenswerter Intelligenzspielzeuge für Katzen, zum Teil mit variablen Schwierigkeitsstufen.

Für Bastler hier eine kostengünstige Variante: Sie brauchen dazu einen Schuhkarton mit Deckel, raschelnde Papierbällchen (etwa das Papier aus dem Schuhkarton oder Butterbrotpapier) und ein heiß begehrtes Leckerli. Schneiden Sie mehrere Löcher in die Seitenteile und den Deckel des Kartons. Die Löcher müssen so groß sein, dass die Katze bequem ihre Pfote hindurchstrecken kann. Legen Sie die Papierbällchen und das Leckerli in den Karton und schließen Sie ihn mit dem Deckel. Fordern Sie Mieze nun auf, das Leckerli zu suchen. Zeigen Sie ihr gegebenenfalls, was sie tun muss. Es ist spannend zu beobachten, wie die Katze diese Aufgabe meistert. Versucht sie, den Kartondeckel zu öffnen, angelt sie beharrlich mit der Pfote nach dem Leckerbissen, oder gibt sie nach kurzer Zeit auf?

PORTRÄT EINES KATZENGENIES

MYTHEN
CHECK

---

DAS SAGT MAN:
»*Katzen kann man nicht erziehen.*«

---

SO IST ES WIRKLICH:

Diese Aussage ist falsch. Jede Katze mit einer guten Kinderstube hat gelernt, sich mit ihren Artgenossen zu arrangieren. Auch uns Menschen betrachtet Mieze in gewisser Weise als ihresgleichen – als eine Art Oberkatze sozusagen. Die kleinen Tiger sind durchaus lern- und anpassungsfähig, wenn wir Verträge mit ihnen schließen und verstehen, sie richtig zu motivieren. Natürlich kann man keiner Katze das Krallenwetzen abgewöhnen. Die Krallen sind bei der Jagd, der Fellpflege, beim Klettern, Springen und für die Kommunikation untereinander unentbehrlich (→ Seite 14). Sie müssen immer tipptopp in Schuss sein. Doch Mieze läßt sich dahingehend erziehen, etwa Stuhlbeine, Tapeten und Sessellehnen in Ruhe zu lassen. Dafür sollte es allerdings genügend erlaubte Kratzplätze geben, wie zum Beispiel einen stabilen Kratzbaum und ein Kratzbrett. Natürlich wird eine Katze niemals Befehle auf Kommando ausführen wie ein Hund. Den kleinen Tigern beizubringen, nicht auf dem Tisch zu laufen, Vorhänge nicht zum Klettern zu missbrauchen oder auf Zuruf zu kommen, ist allerdings kein Hexenwerk.

---

DAS LERNEN WIR DARAUS:

Katzen lernen durch positive und negative Erfahrungen: Gutes wird wiederholt, Schlechtes vermieden. Darum ein gewünschtes Verhalten stets belohnen, zum Beispiel mit einem leckeren Happen oder Streicheleinheiten. Ganz wichtig bei der Erziehung ist Konsequenz!

# EIN KATER AUF WANDERSCHAFT

Kater Felix ging auf einem Campingplatz verloren. Als er nach fast zwei Wochen plötzlich wieder zu Hause auftaucht, lässt alles darauf schließen, dass Felix einen langen, anstrengenden Marsch hinter sich hat.

# 5

**HAUSKATZE JESSI LIEF** angeblich 3000 Kilometer quer durch Australien zurück in ihr altes Zuhause. Cookie fand ihr Frauchen in Frankreich nach einer mehr als 1000 Kilometer langen Suche wieder. Sissi, die 15 Jahre alte Katzen-Seniorin, alterstaub und zahnlos, lief rund 600 Kilometer von St. Gallen nach Bonn, wo sie in der Nähe des früheren Wohnorts ihrer Besitzer aufgegriffen und anhand ihres Chips identifiziert wurde. Ganz so spektakulär ist die Geschichte von Felix zwar nicht, aber dennoch bemerkenswert.

Felix ist ein Kater mit Freigang. Schon seit gut drei Jahren wohnt er bei Verena, Sebastian und ihrem sechsjährigen Sohn Florian. Es geht ihm gut. Er hat ein geregeltes Leben: Nach seinen **nächtlichen Ausflügen*** steht er morgens pünktlich in der Küche und erwartet sein Frühstück. Satt und zufrieden schläft er dann ganz entspannt einige Stunden auf der gemütlichen Couch oder der warmen Fensterbank. Mehrmals am Tag inspiziert er sein Revier, betreibt ausgiebige **Fellpflege***, bezieht Beobachtungsposten auf dem Gartenzaun, döst auf dem Holzstapel in der Sonne, lauert im hohen Gras auf vorwitzige Mäuschen und kehrt schließlich zum Abendbrot wieder nach Hause zurück. Aber Felix geht auch regelmäßig auf Reisen – zusammen mit seinen Menschen, die seit ein paar Jahren im knapp 40 Kilometer entfernten Naherholungsgebiet einen Wohnwagen auf einem Campingplatz besitzen. Felix genießt diese Abwechslung, obwohl Katzen im Allgemeinen nicht sehr reiselustig sind. Aber auf dem Campingplatz kennt sich Felix bestens aus. Er besucht altbekannte Nachbarn, streift am Ufer des kleinen Sees entlang, begrüßt befreundete Katzen und schaut interessiert zu, wenn neue Camper ihr Zelt aufschlagen. Einer seiner Lieblingsplätze ist der Laden auf dem Gelände, dessen Besitzer ihn manchmal mit einem Leckerli verwöhnt. Noch nie hatte sich Felix bei seinen Rundgängen allzu weit vom Wohnwagen seiner Familie entfernt. Aber eines Tages geschah dann doch das Unfassbare. Felix war seit Stunden unterwegs, weit und breit gab es keine Spur von ihm. Da nützte kein Rufen, und das akribische Absuchen des Platzes und die Nachfragen bei den Campern blieben erfolglos. Niemand hatte Felix gesehen. Er blieb verschwunden.

Am nächsten Tag musste die Familie wieder zurück nach Hause, ihr Kurzurlaub war zu Ende, und die Arbeit rief. Verena hatte am Morgen der Abreise noch Flyer mit der Beschreibung von Felix, ihrer Adresse und Telefonnummer auf dem Campingplatz verteilt und das Gebüsch rund um das Gelände abgesucht, um auszuschließen, dass Felix irgendwo verletzt lag. Aber auch dieser Versuch blieb ergebnislos. Schließlich musste sich die Familie ohne ihren geliebten Kater auf den Heimweg machen. Die nächsten Tage verbrachten Verena, Sebastian und ihr kleiner Sohn zwischen Hoffen und Bangen. Würde sich jemand melden, der Felix gesehen hatte oder wusste, wo er war? Was konnte dem Kater nur zugestoßen sein? Wurde er aus Versehen irgendwo eingesperrt? Würde ihn dort dann jemand finden? Hatte jemand das zutrauliche Katerchen einfach mitgenommen? Oder schlimmer noch: War er schwer verletzt oder gar tot?

Die Tage vergingen. Inzwischen war Felix schon fast zwei Wochen verschollen, und die Familie hatte die Hoffnung aufgegeben, ihren Kater jemals wiederzusehen. Verena, die sich seit Felix' Verschwinden matt und kraftlos fühlte, hatte sich für zwei Tage krankschreiben lassen. Lustlos hantierte sie an diesem Morgen in der Küche, als sie ein leises Maunzen und ein Kratzen an der Terassentür hörte. Sie drehte sich um und traute ihren Augen nicht. Da stand Felix! Schnell öffnete sie dem Kater die Tür, der sich sogleich an ihr Bein schmiegte. Endlich daheim! Aber wie war das möglich? Wie hatte der Kater den Nachhauseweg aus 40 Kilometern Entfernung gefunden? Er kannte den Weg ja nur per Auto. Woran hatte er sich orientiert? Und was war ihm auf dem Campingplatz zugestoßen?

Felix wirkte sehr erschöpft. Sein einst glänzendes Fell war jetzt stumpf und struppig, dazu hatte er stark abgenommen. Überglücklich nahm Verena Felix auf den Arm und streichelte ihn ausgiebig. Dann füllte sie umgehend seinen Futternapf, und der ausgehungerte Kater stürzte sich gierig auf das leckere Mahl. Wahrscheinlich hatte er unterwegs die eine oder andere Maus erbeutet, um seinen ärgsten Hunger zu stillen. Doch die **Mäusejagd\*** ist anstrengend und längst nicht immer erfolgreich. Satt war er jedenfalls nicht geworden, wie man ihm nur allzu deutlich ansah.

Etwa drei Wochen später hatte Verena ihren Felix wieder so weit aufgepäppelt, dass man ihm fast nichts mehr von den überstandenen Strapazen ansah. Seine Flanken hatten sich wieder gerundet und wirkten weniger eingefallen, sein Fell glänzte wie in den besten Tagen, und in seinem Verhalten schien er ebenfalls ganz der Alte zu sein. Und natürlich durfte er auch weiterhin mit zum Campen. Aber was damals tatsächlich auf dem Campingplatz geschehen war und was Felix auf seinem langen Marsch nach Hause alles erlebt hatte, wird wohl für immer sein Geheimnis bleiben.

*Die reinliche Katze putzt sich mehrmals täglich von Kopf bis Pfotenspitze.*

EXPERTEN
CHECK

___

### DR. HELGA HOFMANN
#### BIOLOGIN UND KATZENEXPERTIN

___

Bei Katzen mit Freigang ist es gar nicht so selten, dass sie für Tage oder gar Wochen verschwinden, um dann plötzlich unvermittelt wieder aufzutauchen, als wäre nichts geschehen. In solchen Situationen ist nicht davon auszugehen, dass sich die Katze verlaufen hatte. Eine Katze kennt jeden Quadratmeter ihres Reviers, jedoch können sie widrige Umstände daran hindern, nach Hause zurückzukehren – wie es wohl Felix auf dem Campingplatz passiert ist.

So kann eine Katze beispielsweise beim Erkunden von unbekanntem Nachbarterrain versehentlich in einem fremden Haus, in einer Garage, einem Keller oder Schuppen eingesperrt werden. Auch kann ihr eine aggressive Nachbarskatze den Weg durch ihr Revier für eine Weile versperrt haben. Womöglich wurde sie auch einfach im Straßenverkehr verletzt. Verwundete Katzen suchen sich instinktiv ein Versteck, in dem sie ihre Blessuren auskurieren wollen – und tauchen dann tagelang nicht mehr auf.

Ganz anders ist die Sachlage, wenn Menschen mitsamt ihrer Katze umziehen oder verreisen – und das Tier nach oft wochenlanger Wanderung am alten Wohnort wieder auftaucht. In Fachkreisen nahm man solche Berichte lange Zeit mit großer Skepsis zur Kenntnis – bis man dem Phänomen mit wissenschaftlichen Versuchsanordnungen zu Leibe rückte. In einem dieser Experimente wurden Katzen aus verschiedenen Gegenden auf verschlungenen Wegen über viele Kilometer per Auto »entführt«. Man setzte sie sodann in ein rundes Versuchsgehege mit 24 Ausgängen in alle Himmelsrichtungen. Eine Überdachung stellte sicher, dass sich die vierbeinigen

Probanden nicht am Stand der Sonne oder Sterne orientieren konnten. Die Biologen überließen die Katzen dann völlig sich selbst und protokollierten lediglich jede ihrer Bewegungen. Das Resultat war ebenso überzeugend wie verblüffend: Die große Mehrzahl der Katzen wählte von allen Ausgängen des Geheges genau den, der in Richtung ihres Heimatreviers wies. Doch noch immer waren die Skeptiker unter den Wissenschaftlern nicht überzeugt. Also variierte man die Versuchsbedingungen: Diesmal wurden die Katzen während ihrer »Entführung« in Narkose gelegt, sodass sie die Fahrt im Auto verschliefen und erst wieder im Versuchsgehege aufwachten. Und trotzdem – dasselbe Ergebnis.

In den Folgejahren bestätigten viele ähnliche Versuchsanordnungen das außerordentliche Heimfindevermögen der Katzen: Sie besitzen offenbar eine verblüffende Fähigkeit, sich selbst über große Distanzen zielgerichtet zu orientieren. Übrigens: Nicht nur Katzen, auch viele andere Tiere können das. Doch wie genau machen sie das? Eine Rolle scheint dabei auf jeden Fall das Magnetfeld der Erde zu spielen. Darauf kamen die Feldforscher, als sie ihren Versuchskatzen ein Halsband mit einem starken Magneten anlegten. Und siehe da, nun war's vorbei mit der guten Orientierung. Doch wo dieser »magnetische Sinn« der Katzen lokalisiert ist und wie er genau funktioniert, ist bis heute nicht restlos geklärt.

✱ VERTIEFENDE INFOS ZUM TEXT ✱

**WAS MACHEN KATZEN EIGENTLICH NACHTS?**

Lange Zeit stand die Katze im Ruf, ein Nachtier zu sein, das tagsüber schläft und vor allem in der Abenddämmerung bis in die frühen Morgenstunden aktiv ist. Das stimmt natürlich nicht, denn Katzen sind auch am Tag in ihren Revieren und Streifgebieten unterwegs und jagen (→ Seite 129).

Forscher konnten nachweisen, dass die kleinen Raubtiere 50 Prozent der Mäuse tagsüber fangen, 25 Prozent in der Morgen- und Abenddämmerung, den Rest in der Nacht. Dass Katzen auch tagsüber aktiv sind, liegt in erster Linie an unserem gemäßigten Klima. In heißen Klimazonen sind die kleinen Jäger vor allem am kühleren Abend und in der Nacht unterwegs.

Viele Stubentiger mit Freigang, die eng mit ihren Menschen zusammenleben, verbringen einen Großteil der Nacht interessanterweise ebenfalls gerne schlafend zu Hause und verzichten auf nächtliche Streifzüge. Aber es gibt auch Nachschwärmer, so wie Kater Felix, die zu später Stunde gern noch einmal einen oder mehrere Rundgänge im Freien machen. Die Nachtschläfer sind dagegen dort aufzufinden, wo auch ihre Menschen sind, und die liegen nachts normalerweise geruhsam im Bett.

Wohnungskatzen haben ebenso wie ihre Artgenossen mit Freigang mehrmals am Tag und in der Nacht aktive Phasen. Insbesondere gelangweilte Wohnungskatzen, die tagsüber viel allein sind, nutzen auch die Nachtstunden für spannende Aktivitäten. Endlich nicht mehr allein! Anders dagegen Stubentiger, die aktiv am Leben ihrer Menschen teilnehmen, etwa bei der Hausarbeit »mithelfen«, beim Kochen zusehen, mit ihnen fernsehen oder gemeinsame Spielrunden erleben. Sie passen ihren Aktionsrhythmus dann auch nachts ihren Menschen an und schlafen am liebsten gemeinsam mit ihnen im Bett, sofern es erlaubt ist.

## GEPFLEGT VON KOPF BIS PFOTE

»Katzenwäsche« steht in unserem Sprachgebrauch für eine oberflächliche Körperpflege. Doch auf die Katze selbst bezogen ist das eine grobe Beleidigung. Ungefähr drei bis vier Stunden täglich widmen die kleinen Tiger ihrer äußeren Erscheinung, denn nur ein tipptopp gepflegtes Haarkleid behält seine schützende Funktion bei Kälte und Nässe.

1. Zunächst wird das Haarkleid mithilfe der Schneidezähne gründlich gekämmt, um grobe Schmutzpartikel zu entfernen. Die raue, feuchte Zunge fungiert dabei als Waschlappen, der das Fell von Staub und anderen Verschmutzungen befreit und glättet. Gleichzeitig stimuliert das Lecken die an den Haarwurzeln gelegenen Talgdrüsen, ihr spezielles Sekret abzusondern, das dann im gesamten Fell verteilt wird. Der dünne Fettfilm lässt

Wasser am Haarkleid abperlen, sodass die Haut nicht nass wird, und wirkt pflegend auf die äußere Hautschicht. Zudem verhindert er, dass Krankheitserreger wie Pilze und Bakterien in die Haut eindringen können.

**2.** Fährt die raue Zunge beim Putzen kräftig über Fell und Haut, kommt dies einer Massage gleich und fördert die Durchblutung.

**3.** Bei großer Hitze kann man beobachten, wie die Katze ihr Fell immer wieder einspeichelt. Durch die verdunstende Feuchtigkeit wird Wärme von der Körperoberfläche abtransportiert und Überhitzung vorgebeugt.

**4.** Das Putzen trägt außerdem dazu bei, Aufregung, Unruhe, Stress und Unsicherheit abzubauen. Eine Vollwäsche, etwa nach einer aufregenden Jagd, löst die vorausgegangene Anspannung (→ Seite 86). Plötzliche, kurze und auffallend hektische Putzaktionen können aber auch dann einsetzen, wenn Mieze sich in einer Konfliktsituation befindet und nicht recht weiß, was sie in dieser Situation tun soll. Verhaltensbiologen sprechen in diesem Zusammenhang von einer Übersprungshandlung.

## FEIND HÖRT MIT – JAGD AUF DAS MÄUSEVOLK

Mäuse leben heimlich, und doch gelingt es unseren Stubentigern, sie zuverlässig aufzuspüren. Dabei verlassen sich die kleinen Jäger vor allem auf ihr hervorragendes Gehör. Sowohl in Hörleistung wie Schallortung ist die Katze uns Menschen weit überlegen. Während wir Töne bis zu einer Obergrenze von maximal 20 kHz wahrnehmen (im Alter nimmt die Hörleistung ab), reicht die der erwachsenen Katze bis zu 70 kHz. Somit hören unsere Hauskatzen sehr leise, hohe Töne, die wir schon längst nicht mehr vernehmen können. Ideal für die Mäusejagd! Diese geben nämlich ständig leise, hohe Wispertöne von sich, um so untereinander Kontakt zu halten, und nicht einmal das zarteste Mäusetrippeln entgeht den Katzenohren. Denn Mieze kann ihre sehr beweglichen Ohrmuscheln, die wie Schalltrichter wirken, exakt auf die Geräuschquelle ausrichten und diese somit punktgenau orten. Hat die Katze ein vielversprechendes Geräusch ausgemacht, schleicht sie sich näher heran, geht in Deckung, starrt gebannt auf die Stelle und wartet reglos ab, bis sich die Maus vorsichtig aus ihrer Behausung wagt. Eine halbe Stunde und länger vermag die Jägerin geduldig auszuharren und auf eine gute Chance zu warten, die Beute zu packen.

# MYTHEN CHECK

### DAS SAGT MAN:
*»Katzen rotten Vogelarten aus.«*

### SO IST ES WIRKLICH:
Es gibt bislang keine ökologische Studie, die diese Aussage untermauert hätte. Ausnahmefälle sind einige isolierte Meeresinseln, auf denen Hauskatzen ausgesetzt wurden. Doch unbestritten: Vögel gehören ins Beuteschema der Minitiger. »Katzen erbeuten aber vor allem kranke, schwache und junge Vögel«, so unter anderem der Landesbund für Vogelschutz (LBV). Das wiederum sei sogar positiv zu sehen, meinen Wissenschaftler. Katzen sorgen damit für eine natürliche Auslese. Hätten die Katzen diese Vögel nicht erbeutet, wären sie verhungert, an Krankheiten gestorben oder Opfer anderer Räuber geworden. Folgendes Forschungsergebnis entlastet die Hauskatze zusätzlich: Viele Gartenvögel, die Opfer von umherstreifenden Katzen werden, nehmen in ihrem Bestand sogar zu, zum Beispiel Meisen oder Amseln. Gründe für den Rückgang von Vogelarten sind vor allem die Zerstörung ihrer Lebensräume, nasses und kaltes Wetter, Futtermangel oder der Verlust der Eltern.

### DAS LERNEN WIR DARAUS:
Dennoch sollten alle Katzenliebhaber geeignete Maßnahmen ergreifen, um die Vögel vor den geschickten Jägern zu schützen. Ein naturnah gestalteter Garten mit Stauden, Sträuchern und Bäumen bietet den Vögeln viele Versteckmöglichkeiten. Pflanzen mit Stacheln und Dornen, wie zum Beispiel Stechginster, Weißdorn oder Wildrosen, dienen den gefiederten Freunden als sicherer

Rückzugsort. Nistkästen hängt man mindestens zwei Meter über dem Boden freihängend an Seitenästen auf, um Katzen den Zugang zu verwehren. Besonders sicher sind Nistkästen mit einem steilen, glatten Dach, da sie der Katze keinen Halt bieten. Brombeerranken oder sogenannte Abwehrmanschetten aus Blech oder Kunststoff um den Stamm gelegt, verhindern, dass die Katze den Baum hochklettern und in den Nestern und Nistkästen räubern kann. Futterhäuschen sollten in der Nähe, aber nicht direkt neben Sträuchern stehen. So kann sich Mieze nicht aus dem Hinterhalt anschleichen. Nicht zuletzt haben sich Halsbänder mit Glöckchen als hilfreich erwiesen, um Vögel rechtzeitig vor der herannahenden Gefahr zu warnen. Wie Studien gezeigt haben, sind diese für die Katze zwar gewöhnungsbedürftig, stellen aber keine Belastung dar. Wichtig ist jedoch, dass sich der Verschluss des Halsbandes leicht öffnet, falls der Minitiger damit an irgendetwas hängen bleibt.

*Ein saftiges Vögelchen käme gerade recht. Wie gut, dass Katzen nicht fliegen können.*

> *EINE DÖSENDE KATZE IST DAS ABBILD PERFEKTER SELIGKEIT.*

JULES CHAMPFLEURY

# EINE KATZE, DIE DEN NERVENKITZEL LIEBT

*Sissi ist eine Bauernhof-Katze, die allerdings sehr menschenbezogen aufwuchs und überaus verschmust ist. Aber sie liebt auch den Nervenkitzel, denn sie wählt gefährliche Wege, um ans Ziel zu kommen.*

**DER GRÖSSTE WUNSCH** meiner damals 7-jährigen Enkelin Emilia war eine Katze. Ihre Mutter, ihr kleiner Bruder und wir Großeltern unterstützten sie mit Argumenten gegenüber ihrem Vater, der kein Tier haben wollte. Aber natürlich kam er auf Dauer nicht gegen Emilias Beharrlichkeit und ihre theatralisch traurigen Blicke an, wenn es mal wieder um das Thema Katze ging. Und so kam vor zwei Jahren Sissi zu uns, ein 16 Wochen altes, getigertes Katzenkind. Wir alle wohnen zusammen in einem Haus. Die Kinder im Erdgeschoss mit einem weitläufigen Garten, wir in der oberen Etage mit einem großen Balkon. Sissi lebte sich schnell ein. Die ersten Tage musste sie vorsichtshalber in der Wohnung verbringen, bis sie alles erkundet hatte. Dann der erste Freigang unter Aufsicht im Garten. Dabei kam es fast zu einem Drama. Sissi **schnupperte*** gerade an einer Blüte, da schoss ein mächtiger rotweißer Kater bedrohlich fauchend aus dem Gebüsch auf Sissi zu. Die kleine Katze erkannte blitzschnell die Gefahr und rannte senkrecht den Holzpfosten der Pergola, die die Terrasse umgibt, hinauf. Auf einem Querbalken kauerte sie sich ängstlich zusammen, während der Kater unten am Pfosten tobte, es aber nicht schaffte, ihr hinterherzuklettern. Dazu war er zu schwer. Wir verjagten den bösen Kerl und hofften, dass er unser Kätzchen in Zukunft zufrieden lassen würde. Selbst als der Kater weg war, traute sich Sissi immer noch nicht nach unten. Der Schock saß tief. Schließlich musste sie meine Tochter mithilfe einer Leiter vom Balkon heben.

Nach und nach erkundete Sissi ihr Außenrevier. Der dicke rotweiße Kater ließ sich nicht mehr blicken. Offenbar hatten auch wir ihm einen gehörigen Schreck eingejagt. Und mit dem betagten Kater von gegenüber kam Sissi blendend aus. Oftmals beobachteten wir die beiden, wie sie Seite an Seite am Gartenzaun standen oder sich gegenseitig in ihren Gärten besuchten. So vergingen ein paar Monate. Sissi ist inzwischen häufig bei uns im Obergeschoss zu Gast und nimmt dabei stets einen gefährlichen Weg. Sie springt vom Querbalken der Pergola, der ungefähr einen Meter unterhalb unseres Balkons endet und dazu noch einen halben Meter seitlich versetzt ist, auf unser Balkongeländer. Das Geländer besteht aus quer verarbeiteten Holzbrettern mit einem Rahmen aus Stahl. Zwischen dem stählernen Handlauf und den Brettern ist eine Lücke von ungefähr 20 Zentimetern. Diese Lücke nutzt Sissi, um mit einem **mächtigen Quersprung\*** auf dem obersten Brett der Balkonbrüstung zu landen, sich im weichen Holz festzukrallen und von dort auf den Boden des Balkons zu springen. Vor dem waghalsigen Sprung fixiert sie stets einige Sekunden genau das Ziel. Ist die Balkontür geschlossen, steht sie davor und fordert beharrlich Einlass, indem sie sich an der Scheibe aufrichtet, kratzt und laut miaut.

Verblüffend ist, dass Sissi diesen gefährlichen Weg bei jedem Wetter benutzt – selbst dann, wenn der Balken der Pergola vereist oder dick verschneit ist. Auch in der Nacht landet sie bei ihren Ausflügen, von denen sie weder Wind noch Regen abhalten, oftmals auf unserem überdachten Balkon und hinterlässt dort eindeutige Spuren. Manchmal finden wir nämlich am Morgen eine ganze oder halbe Maus auf der Fußmatte. Das heißt, die erstaunliche Katze kann **im Dunkeln sehen\*** und ihre Beute im Maul über diesen gefährlichen Weg zu uns nach oben transportieren. Eine tolle Leistung! Übrigens bringt Sissi uns auch tagsüber immer mal wieder ein Mäuschen vorbei, das sich wahrscheinlich totgestellt hatte und just in dem Moment wieder zum Leben erwacht, wenn Sissi es fallen lässt. Dann beginnt eine wilde Jagd auf dem Balkon, wobei Sissi immer die Siegerin ist.

Als Sissi das erste Mal zu uns nach oben kam, balancierte sie seelenruhig und entspannt auf dem nur fünf Zentimeter breiten Handlauf des Geländers einher. Uns blieb vor Schreck fast das Herz stehen. Was, wenn die kleine Katze jetzt das Gleichgewicht verlor? Vom Balkon aus geht es immerhin gut vier Meter in die Tiefe. Wir blieben wie erstarrt sitzen, um sie nur ja nicht zu erschrecken. Doch Sissi erlöste uns schließlich aus unserer Schreckstarre, sprang vom Geländer herunter, **blinzelte\*** uns freundlich zu und räkelte sich vor unseren Füßen auf dem Boden. Sie besucht uns jeden Tag mindestens zweimal. Wir haben festgestellt, dass sie Handzeichen versteht, etwa wenn ich wortlos mit der Hand Richtung Küche zeige. Dann läuft sie mit steil aufgerichtetem Schwanz und fröhlich miauend voraus, weil sie weiß, dass es gleich etwas Leckeres zu fressen gibt ...

*Perfekte Körperbeherrschung: Einem mächtigen Sprung vom Kratzbaum folgt eine weiche Landung auf der Couch.*

**EXPERTEN
CHECK**

**SABINE SCHROLL**
TIERÄRZTIN UND KATZENEXPERTIN

Katzen nützen geschmeidig alle drei Dimensionen des Raumes. Sie klettern und springen ausgezeichnet. Innerhalb ganz kurzer Zeit entwickeln sie zudem stabile Gewohnheiten, die ihnen im Alltag die Sicherheit geben, zur richtigen Zeit am richtigen Ort zu sein. Vor allem bei Gefahr suchen Katzen gern Schutz in der Höhe – auch wenn sie dann nicht immer so genau wissen, wie sie von ihrem erhöhten Fluchtpunkt wieder herunterkommen. Erstaunlicherweise hängen Katzen besonders konsequent an ihren zuerst aufgefundenen Zufluchtsorten – ganz gleich, ob unter dem Bett, auf dem Kasten oder eben wie Sissi auf dem Querbalken der Pergola.

Innerhalb ganz kurzer Zeit werden Wege zur vertrauten Gewohnheit, selbst wenn sie umständlich, unpraktisch oder irgendwann gefährlich sind. So athletisch Katzen auch klettern und springen können, unterlaufen ihnen dennoch ab und an Missgeschicke, besonders wenn sie älter oder übergewichtig werden. Unfälle passieren vor allem dann, wenn die Katzen unachtsam sind oder wenn sie sich bei ihren bekannten Sprüngen verschätzen. Damit Sissi einen neuen, weniger gefährlichen Weg akzeptiert, zum Beispiel über eine Katzenleiter, muss man ihn einige Zeit mit ihr einüben, bis sie ihn als neue Gewohnheit in ihren Alltag integriert hat.

Die Motivation zu jagen, ist bei Katzen stark ausgeprägt und beruht nicht allein darauf, dass sie Hunger haben – lieber eine Maus zu viel gefangen, als die Beute laufen zu lassen. Ohne Hunger und Not wird die Beute zum Spielobjekt, mit dem die Katze das Jagen übt und sich Unterhaltung verschafft. Wie Sissi tragen

Katzen ihre Beute gern nach Hause und spielen an Orten, die einer Maus genügend Deckung bieten können. Sissi jagt ihre Mäuse mit Vorliebe auf dem Balkon, wo die kleinen Nager zwar Verstecke finden, aber letztlich chancenlos sind. So wird das Ganze noch viel spannender. Für das Spiel mit Ihrer Katze bedeutet dies, dass sich der Reiz um ein Vielfaches erhöht, wenn Sie für die Fellmäuse an der Angel ähnliche Unterschlupfmöglichkeiten suchen.

✴ VERTIEFENDE INFOS ZUM TEXT ✴

**AUF SCHNUPPERKURS**

Bei der Jagd verlassen sich Katzen hauptsächlich auf Augen und Ohren. Doch auch Düfte spielen in ihrem Leben eine wichtige Rolle. Das Riechvermögen der kleinen Tiger ist hoch entwickelt, auch wenn dies ihr Stupsnäschen erst einmal nicht vermuten lässt. Die Katzennase verfügt über 60 bis 65 Millionen Riechzellen, unsere Nase dagegen kommt nur auf maximal 20 Millionen. Schnüffel-Spitzenreiter sind allerdings die Hunde, die es – je nach Rasse – sogar auf 200 Millionen Riechzellen pro Nase bringen. Der Geruchssinn ist bei neugeborenen Kätzchen übrigens als Erstes entwickelt, noch bevor sich Augen und Ohren öffnen. Vor allem über den Geruch finden die Jungen die milchspendenden Zitzen der Mutter.

Düfte spielen auch bei der Verständigung mit Artgenossen eine zentrale Rolle (→ Seite 130). So entscheidet zum Beispiel die Geruchskontrolle darüber, ob man sich riechen kann oder nicht. Bei Begegnungen nimmt man Nase an Nase Kontakt zueinander auf und erhält weitere Informationen von seinem Gegenüber, wenn man dessen Hinterteil beschnuppert. Möglicherweise können Katzen auch den individuellen Körpergeruch von Menschen erkennen und daraus spontane Zuneigung oder Ablehnung entwickeln. Durch Beriechen beurteilt die Katze zudem die Qualität ihres Futters und kann so vor dem Verzehr feststellen, ob es die gewünschten

Zutaten enthält oder – im schlimmsten Falle – alt oder vergammelt ist. Allerdings steht ihr hierzu noch ein weiteres Hilfsmittel zur Verfügung, das sogenannte Jacobsonsche Organ, das in der Mundhöhle am Gaumendach liegt und den Geruchssinn unterstützt. Vor allem der Fettgeruch des Fleisches zieht die kleinen Tiger magisch an. Allein schon deshalb sollten Sie Ihrem Liebling das Futter nie direkt aus dem Kühlschrank servieren. Das Aroma entfaltet sich nämlich erst bei Zimmertemperatur. Auch neue Gegenstände, Einkaufstüten, fremde Menschen, andere Tiere oder eben Blüten werden einer gründlichen Geruchskontrolle unterzogen.

Katzen haben Duftdrüsen an Kinn und Wangen, an den Pfoten, zwischen den Zehen und Ballen sowie an den Flanken und an der Oberseite des Schwanzes. Auch der Harn hat eine eigene Note, ebenso der Kot, der mit einem individuell unterschiedlich zusammengesetzten Sekret aus den Analdrüsen angereichert wird. Die unterschiedlichen Duftstoffe haben verschiedene Aufgaben. Sie sind für die Reviermarkierung erforderlich,

*Mit wohlmeinendem Köpfchengeben begrüßen sich die befreundeten Nachbarskatzen.*

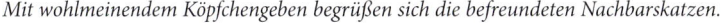

enthalten persönliche Informationen für Artgenossen und haben eine beruhigende Funktion. So reiben Katzen Kinn, Wangen und Körper an den sie umgebenden Gegenständen, an vertrauten Menschen und befreundeten Katzen. Damit schaffen sie sich eine Art Wohlfühlambiente. Sie berauschen sich quasi an der eigenen Duftnote, an ihrem persönlichen »Parfüm«. Aber sie nehmen auch Gerüche anderer auf, etwa wenn Sie Ihren Stubentiger streicheln. Anschließend putzt sich Mieze, um Ihren Geruch über ihren Körper zu verteilen. So entsteht quasi ein gemeinschaftliches Duftbouquet, das die Bindung zueinander stärkt.

**SPRINGEN MIT GEBALLTER POWER**

Sissi ist ein Sprungtalent. Mit einem gewagten Satz über den Sessel hechtet sie Bällchen hinterher, oder sie fängt mit beachtlichen Hochsprüngen Leckerlis aus der Luft und dreht dabei noch Pirouetten. Ihr Körper ist ein einziges Kraftpaket. Die »Spitzensportler« der Katzengesellschaft sind in der Lage, aus dem Stand mühelos bis zu zwei Meter hoch zu springen oder bei einem Weitsprung das Sechsfache ihrer Körperlänge zu überwinden. Aufgrund ihrer hervorragenden räumlichen Sehfähigkeit können alle Katzen ihr Ziel punktgenau anpeilen. Allerdings müssen junge Kätzchen dafür tüchtig üben. Die enorme Sprungkraft erhalten die kleinen Jäger durch ihre kräftige Muskulatur an den Hinterbeinen und im hinteren Rückenbereich. Die Katze duckt sich ab, zieht die Hinterbeine eng an den Körper und schnellt durch die Anspannung der Muskeln nach vorne oder nach oben. Ihren sehr beweglichen Schwanz, der rund 20 Wirbel hat, nutzt sie dabei zum Steuern und Ausbalancieren. Bei der Landung helfen Schwanz und Vorderpfoten, die Geschwindigkeit abzubremsen. Die Vorderpfoten haben dabei die Funktion von Stoßdämpfern.

**IM DUNKELN SEHEN**

Katzen können bei Dämmerung besser sehen als Menschen. Das liegt einerseits an ihren großen Pupillen, die sich im Dämmerlicht weit öffnen, um auch noch den kleinsten Lichtstrahl einzufangen. Andererseits reflektiert eine spezielle Schicht (Tapetum lucidum), die hinter der Netzhaut liegt, das einfallende Licht, sodass es von den Sinneszellen der Netzhaut optimal ausgenutzt werden kann. Trifft nachts ein Lichtstrahl – und sei er noch so schwach – auf Katzenaugen, scheinen diese daher von innen heraus zu leuchten. Doch in stockdunkler Nacht sieht auch die Katze nichts.

## BLINZELN – ODER WIE KATZEN LÄCHELN

Haben Sie schon einmal beobachtet, dass Ihre Katze Ihnen oder einem Artgenossen zublinzelt? In Katzenkreisen gilt das Blinzeln oder Augenzwinkern als Beschwichtigungsgeste. Auf diese Weise soll aggressives Verhalten von Artgenossen gedämpft werden oder gar nicht erst aufkommen. Durch das flüchtige Schließen der Augen wird der Blickkontakt kurzfristig unterbrochen. Die Katze signalisiert ihrem Gegenüber damit, dass sie harmlos ist. Blinzelt der Artgenosse zurück, entsteht eine entspannte Atmosphäre. Das Augenzwinkern von Mieze ist unserem Lächeln gleichzusetzen. Wenn wir Menschen lächeln, dann zeigen wir ein freundliches Gesicht und erzeugen damit eine gute Stimmung. Katzen zeigen dieses Verhalten in ganz unterschiedlichen Situationen, etwa um Befangenheit zu überwinden, Unsicherheit zu verbergen, aber auch, um Artgenossen und Menschen zu begrüßen. Oder wie Sissi, die ihren Bezugspersonen auf diese Weise Streicheleinheiten oder Futter abschmeicheln will. Blinzelt Ihnen Ihre Katze zu, dann ist sie freundlich gestimmt und zeigt Ihnen, wie sehr sie Ihnen zugetan ist. Zwinkern Sie zurück! Ihre Katze versteht Sie.

» *KATZEN SIND GEHEIMNISVOLL. IN IHNEN GEHT MEHR VOR, ALS WIR GEWAHR WERDEN.* «

SIR WALTER SCOTT

MYTHEN
CHECK

---

DAS SAGT MAN:
»Katzen landen immer auf den Pfoten.«

---

SO IST ES WIRKLICH:

Es stimmt, dass Katzen in der Lage sind, ihren Körper automatisch so zu drehen, dass sie auf allen vieren landen. Zu verdanken ist dies ihrem hervorragenden Gleichgewichtssinn, der im Innenohr sitzt. Gleichgewichtssinn und Muskulatur geben Informationen an das Kleinhirn weiter. Dieses wiederum greift in die Steuerung

*Irgendetwas hat Miezes Aufmerksamkeit erregt. Neugierig kommt sie näher, um der Sache auf den Grund zu gehen.*

der Bewegung ein. Der sogenannte Stellreflex tritt in Kraft, den Katzen schon mit etwa fünf Wochen beherrschen. Im freien Fall funktioniert er ganz automatisch.

Fällt die Katze mit dem Rücken voran, dreht sie zunächst den Kopf und die Vorderbeine in Fallrichtung. Dann zieht sie die Hinterbeine an. Durch Rudern mit dem Schwanz gelingt es ihr, auch den Hinterkörper zu drehen. Jetzt zeigen alle vier Pfoten zum Boden. Schließlich streckt sie die Beine aus und macht einen Buckel, um so den Aufprall abzufedern.

Bereits nach einer Fallstrecke von einem Meter hat sich die Katze komplett gedreht. Bei Stürzen aus geringer Höhe kann es jedoch sein, dass die Zeit dazu nicht ausreicht. Aber auch der Fall aus sehr großer Höhe ist gefährlich. Dann sind Knochenbrüche bis hin zu tödlichen Verletzungen nicht ausgeschlossen.

---

### DAS LERNEN WIR DARAUS:

Sichern Sie Balkone und geöffnete Fenster mit einem Katzennetz oder Gitter ab. Schon so manche Katze ist auf der Jagd nach einem Schmetterling oder einem Vogel in ihrem Eifer über die Balkonbrüstung bzw. durch das Fenster in die Tiefe gestürzt.

# EIN WACHHUND IM KATZENFELL

*Nicht umsonst hat Maximo in der Nachbarschaft den wenig schmeichelhaften Beinamen »Kampfkater«. Dabei macht er doch nichts anderes, als den Garten, das Haus und seine Menschen zu verteidigen.*

# 7

**MAXIMO, DER MUSKULÖSE KATER,** balanciert mit traumwandlerischer Sicherheit über den schmalen Lattenzaun. Auf dem Sockel, der hinter einem Busch liegt, bleibt er sitzen. Von hier aus hat er einen prima Überblick. Er sieht alles, was sich in »seinem« Garten tut, ohne selbst entdeckt zu werden. Plötzlich raschelt es im Gebüsch. Der Kater erhebt sich leise und bleibt gespannt stehen. Sein Schwanz zuckt, Ohren und Schnurrhaare sind nach vorne gerichtet, die Pupillen erweitert. Und dann sieht er ihn – einen Marder, der vorsichtig nach allen Seiten witternd über die Wiese läuft. Maximo springt vom Sockel und stellt sich dem kleinen hundeartigen, wehrhaften Raubtier mit einem imposanten **Katzenbuckel\*** in den Weg. Der Marder bleibt wie angewurzelt stehen. Für ihn ist der Feind aus dem Nichts aufgetaucht. Fauchend stürzt sich der Kater auf den Eindringling, um ihn zu verjagen. Das wirkt. Blitzschnell dreht sich der Marder um und flüchtet durch den Lattenzaun. Maximo verfolgt ihn nicht. Stattdessen leckt er ausgiebig sein Fell, um nach dieser Aufregung Spannung abzubauen. Auch bei den Katzen in der Nachbarschaft ist Maximo gefürchtet. Wehe wenn eine, die er nicht leiden kann, in seinem Garten auftaucht. Dann wird er zum Zerberus. Seine Pupillen ziehen sich zu Schlitzen zusammen, seine Schnurrhaare sind jetzt breit gefächert, die Ohren stehen schräg nach hinten. Die Beine sind durchgedrückt, und auf dem Rücken hat sich ein schmaler Fellstreifen gesträubt. Der Schwanz ist kurz hinter der Wurzel hakenförmig abgebogen. Fauchend stürzt er sich auf den ungebetenen Gast. Aber hallo, wer jetzt nicht abhaut, der bekommt eine ordentliche Abreibung.

Maximo hat die Aufgabe eines Wachhundes übernommen, und das nicht nur für den Garten, sondern auch für das Haus und seine Menschenfamilie. Klingelt es an der Haustür und Maximo ist daheim, rennt er als Erster an die Tür, um zu sehen, wer da kommt. Finden die Besucher sein Wohlwollen, streicht er ihnen als Einverständniserklärung um die Beine, und sie dürfen hereinkommen. Gäste, die seiner Meinung nach lieber draußen bleiben sollten, faucht er auch schon mal unfreundlich an, oder er lässt sie einfach stehen und straft sie mit völliger Ignoranz.

Auf Spaziergängen begleitet er seine Familie – das sind Irmi, Johann und ihre beiden Kinder Stefan und Marlena – und übernimmt die Beschützerrolle. Mit erhobenem Schwanz läuft er bis zu einer unsichtbaren Grenze vor ihnen her. Ab hier wechselt er die Position und bildet jetzt die Nachhut. Erst wenn die Familie auf dem Rückweg in die Nähe ihres Hauses kommt, setzt sich der Kater wieder an die Spitze. Irmi ist jedoch für Maximo die wichtigste Bezugsperson. Ihr weicht er nicht von der Seite, wenn sie daheim ist. Er folgt ihr auf Schritt und Tritt – egal ob sie gerade kocht, liest, fernsieht, telefoniert, die Spülmaschine ausräumt, am Schreibtisch sitzt oder im Bett liegt. Doch solch ein **ständiger Begleiter\*** kann auch nervig sein, obwohl Irmi seine Anhänglichkeit durchaus schmeichelt.

Thema **Bett\***. Wenn Johann zu Hause ist, darf Maximo nicht ins Bett, weder bei Irmi noch bei den Kindern. Aber manchmal ergibt sich doch eine günstige Gelegenheit. Johann geht morgens als Erster ins Bad, während Irmi noch im Bett bleibt. Dann schleicht sich der Kater an der Wand entlang ins Schlafzimmer, springt zu Irmi ins Bett, kriecht unter die Bettdecke und macht sich ganz flach, damit ihn Johann nur ja nicht entdeckt, wenn er seine Morgentoilette beendet hat. Irmi lässt das schmunzelnd zu. Und natürlich weiß auch Johann ganz genau, was los ist. Aber er lässt den Kater im Glauben, unsichtbar zu sein. Und dafür gibt es einen guten Grund. Vor einigen Monaten hat Maximo seine Familie vor Einbrechern bewahrt. In jener Nacht schlief die Familie fest im Obergeschoss ihres Hauses. Johann hörte als Erster das böse Fauchen und die bedrohlichen **Knurrlaute\*** des Katers, die einem Wachhund alle Ehre gemacht hätten. Als er nachsah, was da los ist, fand er einen aufgebrachten Maximo vor und stellte fest, dass sich jemand an der Terrassentür zu schaffen gemacht hatte. Offensichtlich hatte Maximo die Einbrecher in die Flucht geschlagen. Weiterer Pluspunkt für Maximo: Als Johann vor ein paar Wochen mit einer schlimmen Grippe im Bett war, Schüttelfrost und hohes Fieber hatte, legte sich der Kater einfach ans Fußende des Bettes und wärmte Johann die kalten Füße, obwohl er und Maximo ja nicht gerade die allerbesten Freunde sind. Johann ließ es gern zu, denn Maximos warmer Körper tat dem Kranken gut, man könnte sagen, er war seine »lebende Wärmflasche«.

Maximos fürsorgliches Verhalten brachte ihm viel Sympathie ein. Seit dieser Zeit erlaubt Johann Maximo einiges, was er vorher strikt ablehnte, zum Beispiel, dass der Kater jetzt am Wochenende gemeinsam mit der gesamten Familie im Bett kuscheln darf. Maximo gefällt das nur zu gut. Und tatsächlich hat er inzwischen scheinbar verinnerlicht, dass dieses Privileg nur am Wochenende gilt. Oder vielleicht doch nicht? Sein »Tarnverhalten« unter Irmis Bettdecke praktiziert er jedenfalls weiterhin mit Ausdauer, sobald sich nur die Gelegenheit dazu ergibt.

*Gespitzte Ohren, aufmerksamer Blick: Gibt es jetzt vielleicht ein Leckerli?*

## EXPERTEN CHECK

---

### SABINE SCHROLL
TIERÄRZTIN UND KATZENEXPERTIN

---

Katzen sind in jeder Hinsicht vielschichtige Tiere: Sie sind territorial und sozial, effiziente Jäger und gleichzeitig Beute für größere Raubtiere, oftmals ängstlich, doch manche geradezu kühn.

Maximo ist ganz offensichtlich eine ausgesprochen territoriale und sehr mutige Katze. Sein Kernterritorium sind das Haus und der Garten – in diesem Bereich verbringt er seine Zeit mit den für ihn wichtigsten Aktivitäten wie Fressen, Schlafen, Ruhen und Körperpflege. Wenn sich eine Katze unwohl fühlt oder sich einfach nur in Sicherheit zurückziehen möchte, dann ist das ihr höchstpersönlicher Bereich. Und diesen wichtigen Lebensraum verteidigt Maximo somit auch ganz proaktiv gegen jegliche Eindringlinge, seien es andere Katzen, Hunde, Marder oder unbekannte Menschen.

Ein etwas ausgedehnteres Revier ist das Streifgebiet, in dem Katzen jagen, ihre Umwelt erforschen oder einfach spazieren gehen. Dieses Streifgebiet haben sie nicht exklusiv für sich gepachtet, es wird – wenn auch zeitlich versetzt – von anderen Katzen mitgenutzt. Solange sich Maximo auf bekannten Wegen in seinem Revier befindet, läuft er mutig voran, er kennt sich hier aus. Sobald diese unsichtbare Grenze jedoch überschritten ist, lässt er lieber seinen Menschen den Vortritt. Viele Katzen schließen sich in einer solchen Situation sogar ihnen völlig fremden Menschen an, nur um nicht alleine im Unbekannten zu bleiben.

Im Zusammenleben mit seinen Menschen ist Maximo einfach ein Opportunist, der aus Erfahrung gelernt hat, wie er an sein Ziel kommt. Als feine und sensible Beobachter erkennen Katzen sehr schnell, wenn es Unstimmigkeiten gibt. Im Zweifel vermeiden sie alles, was sie ins Zentrum der Aufmerksamkeit bringt, und versuchen lieber unauffällig unter die warme Decke zu kommen. Den Erfahrungen von Maximo nach ist sogar Johann in liegender Position stets freundlich entspannt und gänzlich ungefährlich.

✶ VERTIEFENDE INFOS ZUM TEXT ✶

### DER KATZENBUCKEL – EIN TRICK, DER WIRKT

Unerschrocken stellt sich Maximo einem Marder in den Weg. Nicht viele Katzen nehmen es mit solch einem gefährlichen Gegner auf, denn Marder sind ausgesprochen flink und beißen zurück, wenn sie angegriffen werden. Im »Nahkampf« können sie eine Katze erheblich verletzen oder gar töten. Auch der selbstbewusste Maximo hat Respekt vor diesem Furcht einflößenden Feind. In solchen Situationen greifen Katzen zu einem Trick. Der kleine Tiger drückt seinen Rücken nach oben und sträubt sein Fell – er macht den berühmten Katzenbuckel, stellt seinen »Bürstenschwanz« in einem Bogen vom Körper ab und zeigt seinem Gegner die Breitseite, begleitet von einem zornigen Fauchen. Diese »Silhouette des Grauens« verfehlt selten ihre Wirkung. Der Gegner lässt sich einschüchtern und räumt kampflos das Feld. Maximo hat sein Ziel erreicht, ohne klein beizugeben und ohne sein Gesicht zu verlieren. Sieg auf der ganzen Linie.

### STÄNDIGE BEGLEITER KÖNNEN NERVENSÄGEN SEIN

Vielleicht leben Sie ja selbst mit solch einem anhänglichen Katzenexemplar wie Maximo zusammen? Dann kennen Sie vielleicht das Gefühl, zwar unglaublich stolz auf diese treue Katzenseele zu sein, die immer in Ihrer Nähe ist und Sie offenbar abgöttisch liebt, manchmal aber auch unglaublich genervt zu sein, wenn Ihre Katze den ganzen Tag wie eine Klette an Ihnen hängt? Bei einigen Katzenrassen ist die Anhänglichkeit angeboren.

Sie sind besonders menschenbezogen und möchten am liebsten Tag und Nacht mit Ihnen zusammen sein. Dazu gehören etwa Siamkatze, Thaikatze, Balinese, Ragdoll, Orientalisch Lang- und Kurzhaar, Birmakatze und Bengal. Das bedeutet jedoch nicht, dass diese Rassen in jedem Fall unangenehm aufdringlich sind. Sie können sich durchaus zu unabhängigen Persönlichkeiten entwickeln, wenn man ihnen die Chance dazu gibt.

In vielen Fällen ist die übermäßige Anhänglichkeit einer Katze anerzogen. Kommt so ein kleines, niedliches Fellbündel ins Haus, steht es zumeist im Mittelpunkt und wird über die Maßen betreut, verwöhnt und gehätschelt. Daran gewöhnt sich der Stubentiger schnell. Nimmt die Zuwendung später ab, kann Mieze das nicht verstehen. Sie leidet. Manche Katzen fordern die Aufmerksamkeit beharrlich ein, indem sie ihre Menschen regelrecht verfolgen oder sich gekonnt in Szene setzen, wenn diese zu Hause sind (→ Seite 48). Andere entwickeln Verhaltensauffälligkeiten wie etwa Unsauberkeit. Aber es kann gelingen, Mieze von Ihrem »Rockzipfel« zu entwöhnen, indem Sie etwa mehrmals täglich feste Spielzeiten an einem bestimmten Platz einführen. Beginnen Sie die Spielstunde mit einem immer gleichen Ritual. Holen Sie zum Beispiel die Katzenangel aus dem Schrank. Beschäftigen Sie sich jetzt eine Weile ausgiebig mit Ihrem Stubentiger. Ist die Spielzeit vorbei und Mieze klebt wieder an Ihren Fersen, so hilft nur, sie konsequent zu ignorieren und auch nicht anzusprechen. Hat sich Mieze jedoch von Ihnen losgelöst und döst beispielsweise auf der Fensterbank, dann wenden Sie sich ihr freundlich zu und streicheln sie. So lernt die Katze schon bald, dass Aufmerksamkeit und Zuwendung an bestimmte Zeiten gebunden sind oder von ihrem Verhalten abhängen.

## WARUM LIEGEN KATZEN SO GERN IM BETT IHRER MENSCHEN?

Die Antwort liegt auf der Hand. Katzen, die eng mit ihren Menschen zusammenleben, möchten ihnen auch in der Nacht so nahe wie möglich sein. Im Bett riecht es nach der vertrauten Bezugsperson, man spürt sie, und es ist warm, weich und gemütlich. Die Frage, ob es der Katze erlaubt sein soll, im Bett zu schlafen, wird bis heute unter Katzenfreunden heiß diskutiert. Laut einer aktuellen Umfrage dürfen jedoch fast zwei Drittel aller Hauskatzen das Bett mit Herrchen oder Frauchen teilen. Amerikanische Forscher der Mayo-Schlafklinik in Scottsdale, Arizona, haben wiederum in einer Studie herausgefunden, dass die meisten Menschen besser schlafen, wenn ihre Katze oder ihr Hund die Nacht neben ihnen im Bett verbringt. Die Befragten gaben an, die Nähe des Tieres vermittle ihnen Sicherheit und Geborgenheit und trage zu ihrer Entspannung bei. Sofern keine asthmatischen oder allergischen Krankheiten bei Herrchen oder Frauchen vorliegen, kann sich die Katze im Bett also durchaus positiv auswirken und einen gesunden Schlaf ihres Halters fördern.

Wer seiner Katze das Schlafen im Bett erlaubt, muss jedoch dafür sorgen, dass der Stubentiger gegen die gefährlichsten Infektionskrankheiten geimpft ist, keine Parasiten wie Zecken oder Flöhe hat und regelmäßig entwurmt wird. Auch auf die Hygiene im Bett ist streng zu achten, denn Katzen verlieren Haare, und Freigänger bringen Schmutz von draußen mit. Im Bett von Kindern haben Katzen jedenfalls nichts zu suchen. Vor allem bei Kleinkindern ist die Verletzungsgefahr einfach zu groß. Grundsätzlich sollte sich die Katze nur unter Aufsicht im Kinderzimmer aufhalten.

## WENN KATZEN KNURREN

In der Nacht vertreibt Maximo Einbrecher mit Knurren und Fauchen. Und in der Tat klingt der tiefe Knurrlaut der Katze mehr als bedrohlich. Er wird ausschließlich zur Warnung eingesetzt und heißt übersetzt so viel wie: »Verschwinde und lass mich ja in Ruhe!« Das Knurren steigert sich in ein Jaulen und schließlich in an- und abschwellende Drohgesänge. So zeigen Kater untereinander ihre Kampfbereitschaft an. Räumt der Gegner dann nicht freiwillig das Feld, kommt es unweigerlich zum Kampf.

»Miau« ist jedoch der bekannteste Laut, den wir mit einer Katze verbinden (→ Seite 27). An zweiter Stelle steht das Schnurren (→ Seite 30). Aber das Lautrepertoire der kleinen Tiger ist noch viel größer. Eine freundliche Lautäußerung ist das leise, kehlige Gurren, das an das Gurren der Tauben erinnert. Der sanfte, verführerische Laut wird in unterschiedlichen Situationen eingesetzt. So ruft die Mutter ihre Kinderschar herbei, etwa um sie zu säugen. Die rollige Kätzin verspricht dem Freier ihrer Wahl mit ihrem lockenden Gurren Liebesfreuden, auch der Kater tut so seine

Verehrung kund. Zudem ist dieser Laut unter befreundeten Katzen üblich, wie auch erwachsene Katzen häufig ihre Menschen mit diesem Freundschaftssignal begrüßen. Gemaunzt wird vor allem beim Betteln und um sich zu beschweren. Der Kater singt seiner Angebeteten leise maunzend ein Liebeslied. Schnatternde oder keckernde Geräusche lässt Mieze hören, wenn sie in einem Konflikt steckt, etwa weil sie durchs Fenster einen Vogel sieht, er aber für sie unerreichbar ist. Ihrem Unmut macht die Katze durch ein Schnauben, einem vernehmlichen Ausatmen durch die Nase, Luft. Das Spucken ist ein kurzer Fauchton, der sich fast wie ein Knall anhört. Dieser Laut ist zu vernehmen, wenn sich Mieze arg erschreckt hat oder den Gegner massiv beeindrucken will. Mit einem lauten, durchdringenden Ton äußert sich die Katze bei Panik, etwa wenn sie sich in die Enge getrieben fühlt, aber keine Fluchtmöglichkeit sieht. Und nicht zuletzt stoßen Kätzinnen einen lauten Schmerzensschrei aus, wenn der Kater seinen mit Stacheln besetzten Penis herauszieht und ihr damit zu nahe kommt.

»*Wenn ich unsichtbar bin, kann mich niemand aus dem Bett vertreiben.*«

*In dieser Position kann man von hier aus eindeutig besser beobachten, was sich da draußen so alles tut.*

# EIN WACHHUND IM KATZENFELL

## MYTHEN CHECK

**DAS SAGT MAN:**
*»Satte Katzen jagen nicht.«*

**SO IST ES WIRKLICH:**
Diese Aussage ist falsch. Egal ob satt oder hungrig, Katzen müssen jagen. Der Jagdtrieb ist ihnen angeboren. Auch bestens versorgte Hauskatzen mit Freigang gehen täglich auf die Pirsch. Es kommt jedoch häufig vor, dass satte Katzen ihr tote Beute, etwa eine Maus, mit nach Hause bringen und damit spielen, sie aber nicht fressen. Des Rätsels Lösung ist einfach: Sie haben keinen Hunger.

Unbeachtet liegen lassen können sie ihre Jagdtrophäe allerdings auch nicht. Dazu war die Jagd viel zu aufregend. Um ihre innere Erregung abzubauen, tut Mieze so, als ob ihr Opfer noch am Leben wäre. Sie springt die Maus immer wieder an, schleudert sie in die Luft und bearbeitet sie mit den Pfoten. Verhaltensbiologen sprechen von »Erleichterungsspiel«. Auch Katzen ohne Freigang haben einen ausgeprägten Jagdtrieb, selbst wenn sie noch nie mit einer lebenden Beute in Berührung kamen. Bei einigen Rassen hat sich der Jagdtrieb jedoch über viele Zuchtgenerationen hinweg abgeschwächt. Ein Beispiel dafür sind die gemütlichen Perserkatzen, die es sich am liebsten auf der Couch bequem machen.

**DAS LERNEN WIR DARAUS:**
Wohnungkatzen brauchen Jagdersatz. Nehmen Sie sich also täglich Zeit für mindestens eine Spielrunde. Es muss auch nicht immer die Katzenangel sein. Katzen-Spielzeug gibt es in schier unendlicher Vielfalt. Probieren Sie aus, was Ihrer Mieze am besten gefällt.

# EIN KATER ZIEHT UM

🐾

Kater Oscar gefällt es in seinem alten Zuhause nicht mehr. Er beschließt, auszuziehen und sich bei den Nachbarn einzuquartieren. Seine Besitzerin will davon jedoch nichts wissen und holt ihn zurück – ohne Erfolg.

# 8

CARLA UND IHR KATER OSCAR leben seit etwa zwei Jahren zu zweit in einer Dreizimmer-Wohnung auf dem Land. Tagsüber geht Carla zur Arbeit, und Oscar kontrolliert mehrmals täglich sein Außenrevier. Zum Schlafen und Dösen kommt er nach Hause, legt sich in sein kuscheliges Körbchen oder auf seinen Lieblingssessel und **träumt*** – vielleicht von einer erfolgreichen Mäusejagd. Abends, wenn Carla heimkommt, begrüßt er sein Frauchen liebevoll mit dem immer gleichen Ritual: Er wartet schon eine Zeit lang im offenen Regal, das neben der Wohnungstür steht, bis sich endlich der Schlüssel im Schloss dreht und Carla eintritt. Dann reibt er zunächst seinen Kopf an ihrem zu ihm herabgebeugten Gesicht und gibt ihr – ganz Katze – einen Nasenkuss. Anschließend bekommt er sein leckeres Abendessen und Streicheleinheiten satt, wenn sie später gemütlich zusammen auf der Couch liegen und gemeinsam **fernsehen***. Für Oscar eine perfekte heile Welt.

Eines Tages brachte Carla das erste Mal ihren neuen Freund Lukas mit nach Hause, und Oscar schien zu ahnen, dass sich jetzt vieles ändern würde. Und so kam es auch: Die gemeinsamen Rituale mit Carla fielen immer öfter aus. Auf der Couch machten es sich jetzt Carla und Lukas bequem – ohne Oscar. Zu guter Letzt zog Lukas offiziell ein. Mit der Zeit gewöhnte sich Oscar zwar an Lukas, aber richtig warm konnte er nicht mit ihm werden. Dafür hatte es einfach zu viele Veränderungen für den Kater gegeben, seit Lukas bei ihnen wohnte. Besonders übel nahm Oskar, dass er ab sofort nicht mehr im Bett mit Carla kuscheln durfte. Die Schlafzimmertür war von nun an stets geschlossen. Lukas gab sich zwar durchaus Mühe, den Kater für sich einzunehmen, doch seine Bestechungsversuche mit **Leckerlis*** aller Art zeigten bei Oscar nicht die erwünschte Wirkung. Immerhin – man begegnete sich mit Respekt, aber distanziert.

Bei seinen Streifzügen hatte Oscar die Bekanntschaft eines älteren Ehepaars in der Nachbarschaft gemacht. Hier gefiel es ihm außerordentlich gut. Anfangs traute er sich nur in deren Garten. Dann merkte er schnell, wie katzenfreundlich die älteren Herrschaften waren. Sie lockten ihn mit freundlichen Worten, es gab leckere Häppchen, er wurde sanft gestreichelt, wann immer ihm danach war. Und sie hatten Zeit, mit ihm zu spielen. Das tat so gut. Hier fand er all das, was ihm daheim jetzt so oft fehlte. Doch wenn Carla und Lukas von der Arbeit nach Hause kamen, meldete sich Oscars **innere Uhr\***, sodass auch er den Heimweg antrat. Für ihn war immer noch Carla seine wichtigste Bezugsperson. Das sollte sich ändern. Schon seit Wochen tat sich einiges in der Wohnung. Zimmer wurden neu gestrichen, Oscars Kratzbaum wanderte von einer Stelle zur anderen, ebenso sein Schlafkorb. Das Bett im Schlafzimmer wurde umgestellt, und ein neues kleines Bett kam dazu. Und dann war Carla plötzlich weg.

Ein paar Tage später kam Carla zurück – nicht allein, sondern mit Baby. Das war für Oscar wohl das berühmte Tüpfelchen auf dem i. Carla kümmerte sich jetzt fast ausschließlich um ihr Kind und immer weniger um ihn. Und wenn das Baby lauthals schrie, klang das in Oscars empfindlichen Ohren wie der Heulton einer Sirene. Da beschloss Oscar umzuziehen. Wie immer besuchte er auch an diesem Tag das freundliche Paar in der Nachbarschaft. Nur machte Oscar abends keinerlei Anstalten, sich – wie sonst – gegen sechs Uhr auf den Heimweg zu machen. Er blieb einfach. Inzwischen war es bereits dunkel und eigentlich schon längst Zeit für seine Abendmahlzeit. Doch Oscar ließ sich nicht einmal durch seinen Hunger bewegen, nach Hause zu gehen. Im Gegenteil – auf der Terrasse stand eine Bank, auf der eine zusammengefaltete weiche Decke lag. Hier schlug Oscar sein Ruhelager auf. Am nächsten Morgen staunten die beiden Senioren nicht schlecht, als sie die Terrassentür öffneten, Oscar wie selbstverständlich ins Haus spazierte und beharrlich miauend sein Frühstück forderte.

Natürlich informierten Oscars neue Wahlmenschen Carla umgehend über den Verbleib ihres Katers. Carla holte ihn unverzüglich ab und nahm ihn mit nach Hause. Doch Oscar dachte gar nicht daran, hier wieder einzuziehen. Sooft Carla ihn auch heimholte, er lief immer wieder zurück zu den liebenswürdigen Nachbarn. Der menschenbezogene Kater hatte sich offenbar ganz bewusst ein neues Zuhause gesucht, wo er sich wohlfühlte und Menschen fand, die ihm Zeit widmeten und ihn gern hatten.

Carla hatte mittlerweile verstanden, dass Oscar seinen Umzug nicht rückgängig machen würde, und die Nachbarn waren bereit, Oscar aufzunehmen. Also brachte Lukas Oscars Eigentum – seinen Kratzbaum, seine Katzentoilette, seine Fressnäpfe und sein Spielzeug – in dessen neue Wahlheimat. Ab und zu besuchte Oscar Carla, wenn sie beispielsweise mit dem Baby im Garten auf der Wiese saß, oder er begleitete sie ein Stück, wenn sie mit dem Kinderwagen vorbeifuhr. Schließlich waren sie ja immer noch alte Freunde. Aber sein Zuhause war jetzt woanders.

*Nicht nur Leckerlis, sondern vor allem liebevolle Zuwendung schaffen eine vertrauensvolle Bindung.*

## EXPERTEN CHECK

### KATJA RÜSSEL
VERHALTENSBERATERIN

Auch Katzen sind zu innigen Beziehungen fähig, und das sowohl zu Artgenossen als auch zu einer fremden Art. Doch eine enge Bindung, ich nenne es jetzt einmal Freundschaft, bekommt man von ihnen nicht einfach geschenkt. Eine Freundschaft lebt von dem gegenseitigen Verständnis der individuellen Bedürfnisse und der Erfüllung dieser Bedürfnisse, etwa nach Nähe, Ansprache und gemeinsam verbrachter Zeit. Die Beziehung zwischen Katze und Halter ist nicht unähnlich der Freundschaft zwischen Menschen. Wir sind füreinander da, kümmern uns um unsere Bindungspartner, erleben schöne Dinge miteinander, geben und empfangen Nähe.

Oscar und Carla haben solch eine innige Zweierbeziehung gepflegt, bis ein weiterer Mensch dieses feste Bindungsgefüge durcheinanderbrachte. Doch Beziehungen sind auch dynamisch und selten unveränderlich. Da Oscar, wie die meisten Katzen, gut für sich selbst und seine Bedürfnisse sorgen kann, hat er sich daraufhin nach weiteren passenden Sozialpartnern umgesehen und sie auch in dem älteren Ehepaar gefunden. Als Freigänger hatte Oscar ja die Möglichkeit dazu. Eine enge Beziehung zwischen Carlas neuem Freund Lukas und Oscar aufzubauen, gelang indessen nur in Maßen. Zudem hatte Oscar bei den Senioren in der Nachbarschaft das Katzenparadies auf Erden gefunden. Sie hatten Zeit für den Kater – vor allem wenn seine geliebte Carla tagsüber in der Arbeit war. Dass Oscar zunächst dennoch jeden Abend wieder nach Hause lief, zeigt die starke Bindung zu Carla. Doch als dann auch noch ein Baby einzog, war die Veränderung seiner

Lebensumstände für Oscar zu groß. Durch das Baby änderte sich sein Tagesablauf von heute auf morgen radikal. Carla und Lukas hätten gut daran getan, Oscar schon während der Schwangerschaft auf die Ankunft eines neuen Erdenbürgers vorzubereiten. Katzen sind Gewohnheitstiere, die aus den Ritualen, festen Tagesabläufen und Gerüchen in ihrem Revier ihre Sicherheit ziehen. Dieses ganze Gefüge wurde erschüttert. Und so entschloss sich Oscar, etwas Passenderes für sich zu suchen und dauerhaft umzuziehen.

✷ VERTIEFENDE INFOS ZUM TEXT ✷

### AUCH KATZEN HABEN TRÄUME

Zuckt Mieze im Schlaf mit den Pfoten, dem Schwanz, den Schnurrhaaren oder den Ohren und jammert, knurrt, faucht oder schmatzt sie gar, dann hat sie ganz sicher aufregende Träume. Der amerikanische Schlafforscher Adrian Morrison konnte den Traum einer schlafenden Katze – eine Mäusejagd – sogar in einem Film nachweisen. Normalerweise sind die Muskeln im Schlaf – auch bei uns Menschen – blockiert. Doch diese Katze litt an einem Tumor, der die Blockade der Laufmuskeln verhinderte. Plötzlich erhob sich die Katze, ihre Augenlider waren geöffnet und die Nickhäute (das dritte Augenlid bei Tieren, das normalerweise unsichtbar ist und beiderseits in den Augenwinkeln sitzt) geschlossen. Sie schlich zunächst am Boden entlang und sprang dann plötzlich auf eine vermeintliche Beute. Ebenso wie wir Menschen durchlebt die Katze im Tiefschlaf verschiedene Phasen, in denen ihr Gehirn aktiv ist und sie ihre Erlebnisse in Träumen verarbeitet. Das hat man durch die Messung der Gehirnströme eindeutig feststellen können. Beobachten Sie Ihre Katze mal ganz genau, während sie tief schläft. Wenn Sie bemerken, dass sich ihre Augen unter den nicht ganz geschlossenen Lidern hin und her bewegen, dann träumt sie. Deshalb bezeichnen Wissenschaftler diese Phase auch als REM-Schlaf (engl. für rapid eye movement: schnelle Augenbewegungen). Aber wahrscheinlich träumen die kleinen Tiger nicht nur von erfolgreichen Jagdzügen, sondern haben bisweilen auch Albträume, so wie wir eben.

### FERNSEHEN UND FARBEN SEHEN

Auch wenn Kater Oscar gern zusammen mit seinem Frauchen fernsieht, geht es ihm dabei vor allem um das gemütliche Beisammensein und die Streicheleinheiten und nicht ums Fernsehprogramm. Nach der Beschaffenheit des Katzenauges zu urteilen, sieht Mieze vermutlich nicht wie wir einen Film im Fernsehen ablaufen, sondern nimmt die Bilder eher wie einen Dia-Vortrag mit aneinandergereihten Standbildern wahr. Inzwischen gibt es zwar Filme speziell für Wohnungskatzen mit beispielsweise Mäusen, Schmetterlingen, Vögeln oder Eichhörnchen, die Mieze zur Jagd animieren sollen. Doch wenn sich der Stubentiger überhaupt dafür interessiert, merkt er schnell, dass er hier ganz schön verschaukelt wird. In diesem

*Sanftes Kraulen unter dem Kinn – eine wahre Wohltat für verschmuste Katzen*

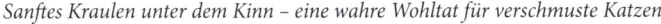

> WER EINE KATZE HAT,
> BRAUCHT DAS ALLEINSEIN
> NICHT ZU FÜRCHTEN.

*DANIEL DEFOE*

Zusammenhang ist es interessant zu wissen, welche Farben Katzen überhaupt wahrnehmen können. Prof. Dr. Christa Neumeyer von der Johannes Gutenberg Universität Mainz ist hierbei Expertin. Sie berichtet: »Bisher ist noch nicht eindeutig geklärt, welche Farben Katzen wahrnehmen. Katzen verwenden nur zwei verschiedene Fotorezeptor-Typen (Zapfen) für ihr Farbensehen, während Menschen drei Typen besitzen. Deshalb können die Tiere zwar Rot und Grün farbig sehen, aber nicht als Farbe voneinander differenzieren. Rote und grüne Gegenstände unterscheiden sich für sie nur in der Helligkeit, nicht im Farbton. Es ist möglich, dass ihnen ein dunkles Rot schwarz erscheint. Farben, die Katzen sehr stark als solche sehen, sind vermutlich Blau und Gelb. Insgesamt ist ihre Welt etwas weniger farbig als unsere.« Das Farbensehen ist für die Katze nicht von großer Bedeutung.

## GESUNDE LECKERLIS FÜR VERWÖHNTE KATZENZUNGEN

Nicht alle Katzen sind bestechlich, wie eben auch Oscar in Bezug auf Lukas beweist. Doch schmackhafte Häppchen sind in Katzenkreisen durchaus beliebt – nur leckt uns dafür keine Mieze aus Dankbarkeit die Hände. Die kleinen Tiger betrachten dies eher als Selbstverständlichkeit. Andererseits kann so ein Leckerli eine Katze durchaus motivieren, erwünschtes Verhalten zu zeigen, etwa bei der Erziehung. Allerdings darf es kein Überangebot an Leckereien geben, denn das macht erstens dick, und zweitens spornt es Mieze dann auch nicht mehr an, das Gewünschte zu tun. Viele Katzenbesitzer meinen übrigens, dass ihr Stubentiger genau weiß, wie viel Futter ihm guttut. Das stimmt nur leider bei vielen Katzen nicht. Zu viel gefuttert wird oft aus Langeweile, das gilt insbesondere für Wohnungskatzen. Aber auch übermäßiger Stress verführt dazu, denn Fressen wirkt beruhigend.

Doch was sind denn nun eigentlich gesunde und begehrte Leckerlis? Sehr beliebt ist Trockenfisch. Die naturbelassenen Anchovis (Sardellen) sind eiweißreich und frei von Konservierungsstoffen. Käse-Rollis bestehen aus Milchhefe und würzigem Hartkäse. Kaum eine Mieze kann widerstehen, wenn diese über den Boden kullern. Stückchen von gekochter Putenbrust stehen hoch im Kurs, und ab und zu ein kleines Käsestückchen oder ein haselnussgroßes Kügelchen Kalbsleberwurst können gleichfalls nicht schaden. Ein- bis zweimal pro Woche darf's auch ein halber Löffel Quark, Naturjoghurt und Hüttenkäse sein, vor allem, wenn dieser mit etwas Saft von einer Thunfisch-Konserve (ohne Öl) angereichert ist.

### KATZEN UND IHRE »INNERE UHR«

Katzen haben ein hervorragendes Zeitgefühl. Im Revier hilft es, Streit mit Artgenossen zu vermeiden (→ Seite 135). Aber auch bei anderen Aktivitäten wie etwa der Siesta und den Mahlzeiten halten sich die kleinen Tiger an einen genauen Zeitplan. Durch ihren untrüglichen Zeitsinn ist Mieze auch in der Lage, sich dem Alltagsrhythmus ihrer Menschen anzupassen. So wie Oscar, der verinnerlicht hat, wann Carla und Lukas von der Arbeit nach Hause kommen. Verblüffenderweise funktioniert der Zeitsinn der Katze aber nicht nur, wenn es darum geht, bestimmte Tageszeiten einzuhalten, sondern auch über längere Zeiträume. Die Katze kann sich also merken, dass sich beispielsweise nur alle vier Wochen etwas Gewohntes ändert.

*Mahlzeit! Auf ihre »innere Uhr« kann sich eine Katze 100-prozentig verlassen.*

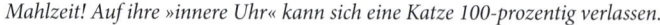

## MYTHEN CHECK

**DAS SAGT MAN:**
*»Alle Katzen sind wasserscheu.«*

**SO IST ES WIRKLICH:**
Generell lässt sich das nicht bestätigen. Richtig ist, dass sich die wenigsten Minitiger für ein Vollbad begeistern oder sich gern nass spritzen lassen. Ausnahme ist die Türkisch Van, die ursprünglich vom Vansee in der Osttürkei stammt. Doch immerhin: Alle Katzen können schwimmen. Eine Erklärung, warum Katzen nicht gern baden gehen, könnte sein, dass sich das Katzenfell schnell mit Wasser vollsaugt und dann seine schützende Funktion verliert. Der Körper kühlt rasch aus. Außerdem muss nach jedem Vollbad der individuelle Körpergeruch durch Lecken des Fells wiederhergestellt werden. Andererseits gibt es vereinzelt ausgesprochene Wasserfetischisten, die freiwillig mit ihrem Besitzer unter die Dusche gehen. Manche Katzen machen sich auch bei Eis und Schnee auf die Pirsch, andere sind Spezialisten, die Fische fangen, indem sie diese mit den Pfoten vom Gewässerrand aufs Trockene befördern. Das Spiel mit dem Wasser fasziniert jedoch alle Katzen – ob es nun der tropfende Wasserhahn ist oder das Pföteln in der Regenpfütze.

**DAS LERNEN WIR DARAUS:**
Machen Sie Ihrer Katze eine Freude. Besonders bei Wohnungskatzen stehen Zimmerbrunnen oder ein Miniteich auf dem Balkon hoch im Kurs. Ein einfaches Wasserspiel, das Katzen lieben, besteht aus einem großen, mit Wasser gefüllten Blumentopfuntersetzer aus Ton, auf dem ein oder zwei Tischtennisbälle schwimmen.

> *KATZEN LIEBEN MENSCHEN MEHR, ALS SIE ZUGEBEN WOLLEN, ABER SIE BESITZEN GENUG WEISHEIT, ES FÜR SICH ZU BEHALTEN.*

*MARY E. WILKINS FREEMAN*

# WER BIN ICH – EINER ODER VIELE?

Sam ist ein Norwegischer Waldkater, der sieben Jahre lang als Einzelkatze lebte. Über Nacht bekommt er plötzlich zwei Artgenossinnen dazugesellt, die zudem trächtig sind. Wie wird Sam die neue Situation meistern?

# 9

**SAM IST SIEBEN JAHRE ALT** und gehört zur stolzen Rasse der Norwegischen Waldkatzen. Der gemütliche Endvierziger – nach **Menschenjahren\*** gerechnet – lebte bis vor kurzer Zeit allein und zufrieden bei seiner Menschenfamilie. Dann änderte sich sein Leben von einem Tag auf den anderen. Die Freundin seines Frauchens, eine Katzen-Züchterin, war bei einem Autounfall ums Leben gekommen und hinterließ zwei trächtige Kätzinnen: die dreijährige Luna und die vierjährige Lilly. Keiner wollte die Verantwortung für die beiden werdenden Katzenmütter und ihren zukünftigen Nachwuchs übernehmen. Auch Sams Menschen waren sich diesbezüglich, schon allein wegen ihres Katers, äußerst unsicher. Aber dann siegte doch ihr Mitleid. Sie wollten den beiden Katzen die Abschiebung ins Tierheim ersparen und starteten das Experiment Katzen-WG. Konnte das gut gehen?

Die erste Begegnung der vierbeinigen WG-Mitglieder fand im großen Wohnzimmer der Familie statt. Kater Sam thronte auf »seinem« Sessel, Luna und Lilly wagten die ersten zögernden Schritte aus ihrer Transportbox. Sam sprang auf den Boden. Die Katzen gingen wie beiläufig aufeinander zu und beschnupperten sich zur Begrüßung Nase an Nase. Dann wurden Nacken, Flanken und Hinterteil einer ausführlichen Geruchskontrolle unterzogen. Alles gut! Keine fauchte oder rannte davon, sondern alle blieben zunächst ruhig stehen. Offenbar fanden sich die drei von der ersten Stunde an sympathisch. Dann löste sich die kleine Gruppe auf.

Die beiden Kätzinnen erkundeten ihr neues Zuhause, während Sam sie von seinem Kratzbaum aus genau beobachtete, solange sie in Sichtweite waren. Natürlich hatte jede der drei Katzen ihren eigenen Schlafkorb, aber bereits am zweiten Tag kuschelten Luna und Lilly abwechselnd mit Kater Sam in dessen gemütlicher Schlafhöhle. Zwei Wochen später bekam zuerst Lilly vier Junge, eine Woche später präsentierte Luna ihre drei Kinder. Jede Kätzin verfügte über ihre eigene Wurfkiste in einem gemeinsamen separaten Zimmer, die sie auch gern annahmen. Hier hatten sie ihre Kleinen zur Welt gebracht, konnten sie ungestört säugen und fürsorglich bemuttern.

Sam besuchte die beiden Katzenmütter und ihren Nachwuchs von Anfang an regelmäßig. Luna und Lilly nahmen ihre Mutterpflichten sehr ernst. In den ersten Tagen verließen sie das Wurflager nur, um zu trinken oder etwas zu fressen. Dann war Sam als Kindermädchen zur Stelle. Er hütete die kleine Kinderschar, indem er sich vor die Wurfkiste legte, bis Luna oder Lilly wieder zurück waren. Aber momentan gab es für Sam nicht allzu viel zu tun, denn die Kleinen konnten ja noch nicht laufen. Das änderte sich in ihrer dritten Lebenswoche, als sie die ersten wackligen Steh- und Gehversuche machten. Mit vier Wochen war ihre **Entwicklung*** so weit fortgeschritten, dass die Vorwitzigsten begannen, die Welt außerhalb ihres Nestes zu erkunden. Jetzt hatten ihre Mütter alle Mühe, den Nachwuchs wieder ins sichere Nest zurückzubringen. Sam war dabei eine große Hilfe. Beherzt packte er den einen oder anderen Ausreißer mit den Zähnen am **losen Nackenfell*** und trug ihn zurück in die Wurfkiste.

Sams Besitzer kamen aus dem Staunen nicht mehr heraus. Hatte Sam etwa Vatergefühle entwickelt? Erstaunlich war auch, dass die beiden Katzenmütter sich gemeinsam um ihre Kinder kümmerten. Es kam zum Beispiel öfters vor, dass sie ihre Jungen abwechselnd säugten. Und auch Sam stellte sich ab und zu als »Mutter« zur Verfügung. Die Kleinen durften an seinen **Zitzen*** saugen, auch wenn keine Milch daraus floß. Aber es beruhigte die Katzenkinder offenbar. Dieses Verhalten verwirrte Sams Besitzer vollends. Sie fragten sich, ob auch Katzen transsexuell sein können. Wäre Sam lieber eine Kätzin? Sam beteiligte sich indes auch an der Kindererziehung. Da setzte es hin und wieder durchaus mal eine Ohrfeige per Pfotenhieb, wenn die Kleinen ihm partout keine Ruhe lassen wollten.

Inzwischen waren die Katzenkinder 12 Wochen alt – Zeit für ein eigenes Leben in einem neuen Zuhause. Doch leichter gesagt als getan. Nur mit viel Mühe und Überredungskunst gelang es, für alle Kätzchen gute Plätze zu finden. Luna, Lilly und Sam hatten die anstrengende Zeit der Kinderaufzucht und -erziehung gemeinsam gemeistert. Jetzt verlief das Leben der drei wieder in normalen, entspannten Bahnen. Nach wie vor verstehen sie sich prächtig und genießen ihre »Ehe zu dritt«.

# EXPERTEN CHECK

## BIRGIT RÖDDER
BIOLOGIN UND VERHALTENSBERATERIN

Die Gründung einer Katzen-WG ist immer spannend. Durch das erst »junge« Sozialverhalten der Hauskatzen ist unklar, wie eine Vergesellschaftung verläuft. Ob und wie gut sie funktioniert, hängt unter anderem von Veranlagung und Sozialisation aller Beteiligten ab. Die ersten Begegnungen stehen meist unter dem Motto Vorsicht. Die Katzen verhalten sich zwar nicht ausgesprochen freundlich, aber neugierig. Das gegenseitige Beschnuppern von Sam und den beiden Katzendamen verlief also erwartungsgemäß interessiert. Dass jedoch keine der Katzen fauchte oder mit den Vorderpfoten das Bedürfnis nach einiger Distanz ausdrückte, war ein erfreuliches Zeichen. Es zeigte die soziale Kompetenz aller drei Katzen und dass sie in den neuen Mitbewohnern keinerlei Bedrohung sahen, sondern eine Bereicherung.

Diese positive Einschätzung wurde auch dadurch untermauert, dass Sam schon am nächsten Tag seine Schlafhöhle mit den Kätzinnen teilte – ein großer Vertrauensbeweis. Vertrauen ist auch Voraussetzung für gemeinsame Wochenstuben von Katzenmüttern, die nicht selbstverständlich sind, aber auch keine Seltenheit. Dies wurde schon bei vielen Bauernhofkatzen beobachtet bzw. bei verwandten Kätzinnen. Oft verlaufen deren Zyklen synchron, das heißt, Rolligkeit und Paarung finden etwa zur selben Zeit statt. Befreundete Kätzinnen, die sich gegenseitig putzen und den Schlafplatz teilen, finden auch zur Niederkunft in einem Gemeinschaftsnest zusammen. Wenn alle Kitten zeitnah das Licht der Welt erblicken, genießen sie mit zwei – selten mehr – Müttern enorme

WER BIN ICH – EINER ODER VIELE?

Vorteile: Während eine unterwegs ist, kümmert sich die andere um alle Kitten, putzt und säugt sie und beschützt sie gegebenenfalls gegen Eindringlinge. Das Verhalten von Katern gegenüber Kätzchen ist nicht unbedingt positiv, kann es aber sein. Viele Katzenväter kümmern sich um ihren Nachwuchs. Dies beschreibt auch die Katzenforscherin Dr. Mircea Pfleiderer von Falbkatzen und anderen wilden Katzenarten in Menschenobhut, bei denen einige Väter die Jungen putzen und ihnen Beute bringen. Hin und wieder erfährt man auch von kastrierten »Onkeln«, die junge Katzen unter ihre Fittiche nehmen, sie betreuen und erziehen, wie Sam. Und wie er lassen manche die Jungen auch an ihren Zitzen saugen und vermitteln ihnen dadurch Geborgenheit. Voraussetzung sind ausgesprochene Geselligkeit und Toleranz. Transsexualität ist im Tierreich nicht beschrieben. Dass Sam Vatergefühle entwickelt hatte, ist schon wahrscheinlicher, aber nicht sicher.

*Norweger sind ruhig und gesellig – gute Voraussetzungen für einen »Leihonkel«!*

✱ VERTIEFENDE INFOS ZUM TEXT ✱

## VON KATZEN- UND MENSCHENJAHREN

Wie alt ist mein Stubentiger nach Menschenjahren gerechnet? Diese Frage beschäftigt viele Katzenhalter. Früher hieß es: Ein Katzenjahr zählt so viel wie sieben Menschenjahre. Doch Zoologen, Tiermediziner wie auch Verhaltensforscher kommen inzwischen zu einem anderen Ergebnis. Demnach ist eine einjährige Katze im Vergleich zu uns bereits im Teenageralter, also etwa 15 Jahre alt. Mit zwei Jahren entspricht ihr Alter dem eines 25-jährigen Menschen. Für die nächsten vier Katzenjahre zählt jedes Jahr fünf Menschenjahre. Eine sechsjährige Katze ist dann so alt wie ein 45-jähriger Mensch. Ab dem siebten bis zum zwölften Lebensjahr schlägt jedes Jahr wie vier Menschenjahre zu Buche. Ab dem 13. Lebensjahr zählt jedes weitere Jahr wie drei Menschenjahre. Also ist eine 20 Jahre alte Katze umgerechnet so alt wie ein 93-jähriger Mensch (→ Seite 15).

## ENTWICKLUNGSGESCHICHTE IM SCHNELLDURCHGANG

Es ist immer wieder erstaunlich zu beobachten, wie rasant die Entwicklung der Katzenkinder verläuft. Innerhalb weniger Wochen sind sie »fit for life«.
**1. Lebenswoche:** Die Katzenbabys kommen blind und taub auf die Welt. Sie sind jedoch in der Lage, sich am Geruch und tastend an der Wärme von Mutter und Geschwistern zu orientieren und rudernd Mamas Zitzen zu finden. Obwohl weiterhin blind, nehmen sie schon mit wenigen Tagen fremde Gerüche wahr, etwa Ihre streichelnde Hand, gegen die sie sich anfangs mit Fauchen und Spucken wehren. Doch schon bald kennen die Kleinen Ihren Geruch und ordnen ihn als nicht bedrohlich ein. Den Tag verbringen die Babys ausschließlich mit Trinken und Schlafen.
**2. Lebenswoche:** Die Ohren richten sich auf, und die Kätzchen reagieren auf Geräusche wie etwa das beruhigende Schnurren der Mutter. Die Augen öffnen sich zwischen dem achten und zwölften Tag. Doch es dauert danach noch einige Tage, bis das Sehvermögen richtig funktioniert.

*Gar nicht so einfach für die kleinen Gipfelstürmer, den »Berg« zu erklimmen und oben zu bleiben.*

**3. Lebenswoche:** Die Kätzchen beginnen im Nest herumzukriechen und machen die ersten wackeligen Steh- und Gehversuche. Das macht Appetit auf mehr! Die Geschwister werden spielerisch mit den Pfoten angestubst. Auch die Fellpflege klappt jetzt schon ganz gut.

**4. Lebenswoche:** Die ersten Milchzähne brechen durch und wollen ausprobiert werden. So manch ein Katzenkind versucht schon auf den ersten festen Futterbrocken herumzukauen. Jetzt möchten die Kleinen immer öfter auch die Welt außerhalb des Wurflagers erkunden. Es kommt bereits zu kleinen spielerischen Balgereien mit den Geschwistern.

**5. und 6. Lebenswoche:** Alle Sinne sind inzwischen voll ausgeprägt. Die Katzenkinder entdecken ihre Welt und trainieren ab sofort alles, was sie im Katzenleben brauchen: Rennen, Klettern, Balancieren, Springen, Kämpfen und Beute machen. Auch das Katzenvokabular wird fleißig studiert und eingeübt, wie etwa die verschiedenen Laute, die Begrüßung von Nase zu Nase oder der berühmte Katzenbuckel (→ Seite 90). Mama ist dabei die beste Lehrerin, Trainingspartner sind die Geschwister.

**7. und 8. Lebenswoche:** Das Milchgebiss mit seinen 26 Zähnen ist jetzt endlich vollständig, und die Katzenkinder können nun feste Nahrung aufnehmen. Im Spiel mit ihren Geschwistern trainieren die Kleinen weiterhin fleißig Reaktionsvermögen, Koordination und Fitness.

Die nächsten vier bis sechs Wochen werden die Katzenkinder von ihrer Mutter mehr und mehr auf ein eigenständiges Leben vorbereitet. Mit 12, besser noch mit 16 Wochen sind die Kätzchen dann so weit selbstständig, dass sie in ein neues Zuhause umziehen können. Ausgewachsen ist eine weibliche Hauskatze jedoch erst mit einem Jahr, der Kater mit zwei Jahren. Sehr große Rassekatzen wie die Norwegische Waldkatze, die Maine Coon oder die Savannah erreichen ihre volle Größe erst mit drei bis vier Jahren.

## AM NACKENFELL HOCHHEBEN UND TRAGEN

Kater Sam hilft den Katzenmüttern unter anderem dabei, ihre abenteuerlustigen Kinder ins sichere »Nest« zurückzubringen. Für den Transport packt er den kleinen Ausreißer locker mit den Zähnen am losen Nackenfell und hebt ihn hoch. Genau so machen es auch die Mütter, aber nicht nur, um die Kleinen einzusammeln, sondern auch, um ihren Nachwuchs, wenn sie sich gestört fühlen oder ihre Kinder bedroht werden, an einen sicheren Platz zu bringen. Beim Hochheben fällt das Kätzchen unmittelbar in die sogenannte Tragstarre. Dabei macht es sich klein, indem es die Hinterbeinchen und den Schwanz eng an den Körper zieht, und bewegt sich nicht. So kann es gut transportiert werden, ohne sich zu verletzen.

### DIE EROBERUNG DER ZITZEN

Sowohl Kätzin als auch Kater besitzen zwischen sechs und acht Zitzen, wobei natürlich nur die Zitzen der weiblichen Tiere nach der Geburt ihrer Kinder Milch spenden. Die Zitzen sitzen an verschiedenen Stellen des Bauches und werden – je nach Lage – als Brust-, Bauch- und Leistenzitzen bezeichnet. Unmittelbar nach der Geburt streben die Katzenbabys zu Mamas »Milchbar«, und jedes erobert sich eine Zitze, die meist bis zur Entwöhnung im »Privatbesitz« des Inhabers bleibt. Welche Zitze gewählt wird, hängt in erster Linie davon ab, wie nahe die Milchquelle dem noch blinden, aber extrem hungrigen Säugling ist. Gefunden wird sie neben dem Geruch durch das Pendeln und Schwenken des Kopfes. Damit der Milchfluss angeregt wird, kneten die Katzenkinder die Umgebung von Mutters Zitzen mit gespreizten Pfötchen. Den sogenannten »Milchtritt«, auch Treteln genannt, zeigen noch erwachsene Katzen, wenn sie zum Beispiel auf unserem Schoß sitzen und unbedingt gestreichelt werden möchten.

> »
> RESPEKT VOR KATZEN
> IST DER ANFANG
> JEGLICHEN SINNES
> FÜR ÄSTHETIK.
> «
>
> ERASMUS DARWIN

MYTHEN
CHECK

---

DAS SAGT MAN:
»*Katzen sind Einzelgänger.*«

---

SO IST ES WIRKLICH:

Diese Aussage stimmt nur bedingt. Katzen gehen stets allein auf die Jagd. Sie markieren sorgfältig ihr Revier und achten akribisch darauf, dass kein Artgenosse diese Grenzen ignoriert. Zahlreiche Beispiele beweisen aber auch, dass die kleinen Tiger selbst auf engstem Raum friedlich miteinander leben. Interessant ist das

*Hoppla, beinahe abgestürzt! Wie gut, dass man einen kleinen Bruder hat, an dem man sich festklammern kann.*

Phänomen, das der Verhaltensforscher Paul Leyhausen »Bruderschaft der Kater« nennt. Dabei treffen sich die Kater an neutralen Orten und sitzen dort friedlich beieinander. Jeder kennt den anderen und kann ihn einschätzen. Wandert jedoch ein Kater zu oder wird ein Jüngling erwachsen, muss er sich erst einen Platz in der Bruderschaft erkämpfen. Auch die geheimnisvollen nächtlichen Zusammenkünfte von jungen und alten Katzen, Streunern und Familienkatzen, Katern und Kätzinnen geben uns immer noch Rätsel auf. Aber all das ist noch kein Beweis dafür, dass Katzen von Haus aus gesellig sind. Eine Mieze, die von ihren Menschen genügend Aufmerksamkeit bekommt, teilt nicht unbedingt gern mit Artgenossen. Wohnungskatzen hingegen, die tagsüber viel allein sind, freuen sich vielleicht über einen Kumpel, sofern er ihnen dann auch sympathisch ist.

---

### DAS LERNEN WIR DARAUS:

Katzen akzeptieren nicht jeden Artgenossen. Gut verstehen sich oft Wurfgeschwister und solche, die sich etwa im Tierheim miteinander befreundet haben. Fremde, erwachsene Katzen sollten das gleiche Alter haben und vom Charakter her zusammenpassen.

# DIE HOHE KUNST DER DIPLOMATIE

Mia, die zierliche Kätzin, führt in ihrem Garten-Revier ein strenges Regiment. Fremde Katzen werden gnadenlos verjagt – bis auf zwei Kater, denen Mia nach komplizierten Verhandlungen Wegerecht erteilt hat.

# 10

**UNSERE KLEINE TOCHTER** war glücklich. Wir machten »Ferien auf dem Bauernhof«, und sie war in Stall und Scheune voll in ihrem Element, zumal sie im Heuschober ein Katzennest mit ach so süßen Katzenbabys entdeckt hatte. Ihr Glück steigerte sich noch, als wir Eltern bei der Abreise ihrem Drängen nachgaben und ihr erlaubten, sich eines der Kätzchen auszusuchen und mit nach Hause zu nehmen. Lisas Wahl fiel auf ein graublaues Fellknäuel, das sofort unseren Haushalt auf den Kopf stellte.

In den folgenden Monaten wuchs das **Bauernhof-Kätzchen\***, Mia genannt, zu einer Katzenschönheit heran, einer zwar zierlichen, aber absolut unerschrockenen Kätzin, die mit ihrer zweibeinigen Freundin Fangen spielte, wild fauchend Hunde vom Garagenvorplatz vertrieb – und alle Nachbarskatzen das Fürchten lehrte. Unser Garten war definitiv ihr Eigentum. Das ist nunmehr 14 Jahre her. Unsere Tochter ist inzwischen erwachsen und aus dem Elternhaus ausgezogen. Die Katze aber ist geblieben. Zwar ist Mia, mittlerweile zur **Seniorin\*** herangereift, immer noch eine Schönheit, doch zunehmend mehr am Sofa interessiert als am Garten. Außer es zeigt sich eine fremde Katze im Garten, in ihrem Revier. Dann wird Mia nach wie vor zur Furie. Sie schießt durch die offene Terrassentür oder die Katzenklappe hinaus und auf den Eindringling zu. Noch jeder hat bei diesem Anblick sofort Reißaus genommen.

Vor einem halben Jahr nun zog eine neue Familie ins Nachbarhaus ein und mit ihr ein großer, stämmiger Kater in den angrenzenden Garten. Wir sahen schon Unheil heraufziehen. Diesem Brocken würde unsere zierliche, betagte Mia rein kräftemäßig mit Sicherheit niemals gewachsen sein, Reviervorrechte hin oder her. Doch, siehe da, die beiden führten uns vor, wie Diplomatie funktionieren kann, ganz ohne Blutvergießen. Nach ersten Attacken seitens Mia – der Kater ließ sich sofort vertreiben, voller Respekt gegenüber der fremden Revierbesitzerin – durfte er ein paar Wochen später plötzlich quer durch den Garten hinter unserem Haus marschieren, und Mia sah ihm von der Terrasse aus in aller Ruhe zu. Wir staunten nicht schlecht. Als er dann allerdings im Vorgarten auftauchte und unsere Terrassentür inspizierte, erlebten wir das altbekannte Szenario: Mia wurde zum wütenden Geschoss. Also doch kein Friede, dachten wir.

Nach einigen weiteren Wochen hatten wir das System begriffen: Im hinteren Garten durfte Kater Leo passieren, der Vorgarten war tabu für ihn. Doch nicht lange, und wir hatten erneut Grund zum Staunen: Unsere alte Mia und der große, kraftstrotzende Leo saßen nebeneinander und völlig friedlich auf unserem Garagendach in der Sonne und überblickten die Umgebung. Der Kommentar meines Mannes war nur lapidar: »Da versteh einer mal die Frauen!« Nachdem wir nun etwas aufmerksamer die Katzenaktivitäten in unserem Garten beobachteten, fiel uns bald auf, dass auch noch eine andere Katze aus der Nachbarschaft, ein rot-weißer Kater, gelegentlich auf dem Dach unseres Geräteschuppens saß, das bislang Mia häufig als **Aussichtsplatz\*** gedient hatte. Und auch den Zaun entlang durfte er ungestraft laufen, um durch eine Lücke im Zaun wieder in seinen eigenen Garten zurückzuschlüpfen. Wurde unsere Mia jetzt wirklich alt? Weit gefehlt: Kaum ließ sich neulich eine schlanke, falbfarbene Katze, die auf der anderen Straßenseite wohnt, an unserer Terrassentür blicken und machte Anstalten, die Schwelle zum Wohnzimmer zu überschreiten, rief dies auch schon den altbekannten »fauchenden Blitz« hervor. Mit knapper Not schaffte es die Semmelblonde, sich durch die Stäbe des Gartentürchens hindurch in Sicherheit zu bringen. Mia trottete umgehend ins Haus zurück und ließ sich erschöpft auf den Teppich plumpsen.

Auch wenn unsere alte Kätzin längst nicht mehr so ein Energiebündel ist wie früher, versäumt sie es doch nie, mindestens einmal am Tag in den Garten zu gehen und ihre Waffen zu schärfen, egal ob es regnet oder Minusgrade hat. Der Stamm unseres uralten Flieders, der ziemlich krumm gewachsen und daher ein beliebter Kletterbaum der Kätzin ist, hat in Bodennähe schon kaum noch Rinde vor lauter Krallenwetzen. Ich habe oft Sorge, dass sich die Katze einen Holzspan in die Pfote rammt, so vehement kratzt sie an diesem Stamm. Den teuren Kratzbaum im Wohnzimmer hingegen ignoriert sie vollkommen. Zum Glück lässt sie aber auch die Couch oder andere Möbelstücke ungeschoren. Interessanterweise hat auch der Nachbarskater Leo unseren Flieder zum Krallenschärfen entdeckt. Der alte Strauch tut mir schon richtig leid, so zerfleddert sieht er inzwischen aus. Und nicht nur Leo, auch der rot-weiße Geräteschuppen-Kater kratzt an diesem Stamm. Mein Mann hat ihn kürzlich in aller Frühe dabei erwischt und kommentierte: »Na, hoffentlich fallen nicht alle drei eines Tages übereinander her, blitzscharf wären ihre Waffen ja wohl.«

*Ob wohl heute der nette Kater aus der Nachbarschaft vorbeikommt?*

## EXPERTEN CHECK

### DR. HELGA HOFMANN
#### BIOLOGIN UND KATZENEXPERTIN

Jede Katze hat ihr eigenes Revier, das ist für sie immens wichtig. Doch Revier ist nicht gleich Revier. Für eine Katze, die ungehinderten Freigang hat, sind das Haus oder die Wohnung ihr »Revier 1. Ordnung«, wie die Biologen sagen, ihr Heimrevier, das ihren Lebensmittelpunkt bildet. Die unmittelbare Umgebung – meist sind das der Garten und die daran angrenzenden Grundstücke – stellt das »Revier 2. Ordnung« dar, in dem sich die Katze sehr gut auskennt, wo sie bevorzugte Ruheplätze hat, Sitzplätze, von denen aus sie die Umgebung beobachtet und wo sie ungestört ein Sonnenbad nehmen kann. An dieses Revier 2. Ordnung schließt sich dann ein mehr oder weniger großes »Streifgebiet« an, in dem sich Katzen meist nur auf bestimmten Pfaden bewegen. Das Streifgebiet dient zur Jagd oder zur Brautwerbung.

Klar eigentlich, dass das Revier 1. Ordnung am heftigsten verteidigt wird. So reagiert Mia jedes Mal wie eine Furie, wenn eine andere Katze sich auch nur der Terrassentür nähert. Im Revier 2. Ordnung, also im Garten und der näheren Umgebung, wird die Sache schon komplizierter. Hier regeln die Katzen ihr Miteinander auf der Basis eines ausgeklügelten Systems von Vorrechten und Privilegien, das für uns Menschen nur schwer durchschaubar ist. Dazu gehören auch Nutzungsrechte für ganz bestimmte Wege und Plätze, die von mehreren Katzen genutzt werden. Wenn also die Nachbarskatze in aller Seelenruhe durch Mias Garten spaziert, dann hat sie wohl einen »Passierschein«, der ihr für dieses Areal und für diese Tageszeit ein Wegerecht einräumt.

Katzen, die sich hingegen unbefugt in Mias Revier blicken lassen, werden mit Nachdruck daraus verscheucht. Diese kätzische Verkehrsregelung hat einen guten Grund: Die Katzen einer Gegend vermeiden dadurch, dass sie allzu häufig aufeinandertreffen. Solche Begegnungen enden ja rasch in handfesten Auseinandersetzungen, die ein hohes Verletzungsrisiko mit sich bringen.

Bei wild lebenden Katzen kann ein Biss oder eine andere Verletzung fatale Folgen haben, denn dies hindert oft beim Jagen, aber auch für eine Familienkatze sind tiefe Schrammen alles andere als angenehm. So sind die stillschweigenden Vereinbarungen, wer sich wann und wo bewegen darf, ein Erbe aus der »wilden Vorzeit«, das sich unsere Katzen bewahrt haben.

Auch das Nachrichtensystem unserer Katzen ist ungemein ausgeklügelt. Es basiert vor allem auf Duftmarken, die an bestimmten Stellen platziert werden. Da diese Duftmarken rasch an Intensität verlieren, müssen sie immer wieder aufgefrischt werden. Das tut Mia, indem sie täglich am Flieder ihre Krallen wetzt. Das Schärfen der Krallen steht dabei sogar im Hintergrund. Wichtiger ist das Absetzen einer Duftmarkierung in Form eines Drüsensekrets, das eine Katze an den Pfotenballen produziert – und das zum Glück für uns Menschen nicht wahrnehmbar ist.

Ein später hier vorbeikommender Artgenosse kann jedoch die Duftmarkierung mit seiner feinen Nase lesen wie eine Notiz an einer Pinnwand: »War heute um 12 Uhr hier. Mia.« Die individuelle Zusammensetzung der Geruchsstoffe verrät ihm sogar noch mehr. Er erfährt, in welcher körperlichen Verfassung sich Mia befand, ja sogar, ob sie gut oder schlecht gelaunt war. Nach dem gründlichen Beschnuppern wird keine Nachbarskatze es versäumen, durch Kratzen und Krallenwetzen ihrerseits eine entsprechende Duftmarkierung an den Flieder zu setzen. So sorgt sie dafür, dass die »Pinnwand« immer auf dem aktuellsten Stand ist. Das ist auch der Grund, warum eine Katze nicht nur einmal, sondern immer wieder, bei Tag und bei Nacht, durch ihr Revier patrouilliert. Schließlich will sie keinesfalls wichtige »News« versäumen.

DIE HOHE KUNST DER DIPLOMATIE

---
✱ VERTIEFENDE INFOS ZUM TEXT ✱
---

### EIN KÄTZCHEN VOM BAUERNHOF – NICHT ALLE SIND GLEICH

Die Kätzin Mia wurde auf einem Ferien-Bauernhof geboren und hatte von Anfang an viel positiven Kontakt zu verschiedenen Menschen – Männern, Frauen und Kindern. Überdies hat sie Hunde und andere Tiere kennengelernt. Solche Kontakte sind besonders in der Prägungsphase (zweite bis siebte Lebenswoche) für die gute Sozialisierung einer Katze wichtig. Erfahrungsgemäß sind solche Miezen später besonders kontaktfreudig und anhänglich. Ebenso wichtig ist aber auch der Kontakt zu Artgenossen, damit die Kätzchen die Umgangsregeln in der Katzengesellschaft lernen.

*Gespannte Aufmerksamkeit. Hat vielleicht ein Vogel Mieze so in den Bann gezogen?*

Bauernhof-Katzen im eigentlichen Sinn sind jedoch oft halbwild. Sie werden vor allem als Mäusefänger gesehen, weniger als Haustiere mit engem Bezug zum Menschen. Die Katzenmutter versteckt häufig ihre Jungen und präsentiert sie erst, wenn die wichtige Prägungsphase vorbei ist. Kätzchen, die in dieser Zeit keinen Konakt zu Menschen hatten, verhalten sich ihnen gegenüber häufig scheu und zurückhaltend. Doch auch solche Katzen können eine enge Beziehung zu ihrem Besitzer aufbauen. Sie lernen zu vertrauen, wenn man ihnen viel Geduld und Liebe entgegenbringt, sind aber in der Regel nur auf eine oder zwei Bezugspersonen fixiert. Bauernhof-Kätzchen eignen sich nicht für die reine Wohnungshaltung. Für sie ist ein Zuhause mit der Möglichkeit zum Freigang das Richtige.

## KATZENSENIOREN – WENN MIEZE ALT WIRD

Wann ist eine Katze alt? Wenn man von ihrer durchschnittlichen Lebenserwartung ausgeht, die bei 14 bis 15 Jahren liegt, kann man bei einer zehnjährigen Katze durchaus schon von einer Seniorin sprechen. Nach Menschenjahren gerechnet wäre sie jetzt nämlich 61 Jahre alt (→ Seite 118). Aber einer Katze sieht man ihr Alter nicht an. Es gibt auch Unterschiede zwischen der jeweiligen körperlichen Verfassung von Katzensenioren. Um bei Mieze altersbedingte Veränderungen festzustellen, muss man schon genau hinschauen, denn Alterswehwehchen überspielt sie meisterhaft.

Wenn beispielsweise die Kräfte nachlassen, kaschiert Mieze das mit ein paar extra Schlafrunden. Hat sie sich früher gern in den Trubel gestürzt, beobachtet sie jetzt lieber vom Sofa aus. Werden die Gelenke steifer und ihre Bewegungen langsamer, lässt sie von großen Sprüngen und gefährlichen Kletterpartien die Pfoten. Mit zunehmendem Alter hört, sieht und riecht die Katze schlechter. Sie ist krankheitsanfälliger, weil ihr Immunsystem schwächer wird. Ab dem 14. Lebensjahr verändert sich dann auch meist die Silhouette des Stubentigers. Er wirkt knochiger und hat einen Hängebauch, weil sich hier das Körperfett sammelt. Das Fell glänzt nicht mehr so wie früher, erste Zähne können ausfallen. Auch die Psyche bleibt nicht verschont. Mieze wird vergesslicher, und manchmal verändert sich sogar ihre Persönlichkeit. Lassen Sie Ihren vierbeinigen Liebling ab dem 10. Lebensjahr einmal jährlich gründlich vom Tierarzt durchchecken.

> *EIN KÄTZCHEN IST FÜR DIE TIERWELT, WAS EINE ROSENKNOSPE FÜR DEN GARTEN IST.*

ROBERT SOUTHEY

Alten Tieren sollten Sie Liebe, Geduld und Verständnis entgegenbringen. Verzichten Sie auf wilde Spiele, suchen Sie stattdessen neue schonende Beschäftigungen (→ Seite 55). Vielleicht ist auch Unterstützung bei der Fellpflege angesagt, wenn Mieze allein nicht mehr zurechtkommt. Verträgt der Senior sein gewohntes Futter, ist keine Futterumstellung nötig. Selbst Katzen ohne Zähne können kauen, denn der Gaumen härtet sich aus.

### GUTE AUSSICHTEN

Alle Katzen lieben erhöhte Aussichtsplätze, gerade so wie Mia und Leo. Von hier aus kann man weite Teile des Reviers überschauen, hat alles im Blick und fühlt sich gleichzeitig sicher. Im Garten nutzt Mieze Dächer von Geräteschuppen und Lauben, am besten mit einer stabilen Holzleiter oder einem Brett zum bequemen Hoch- und Runterklettern. Gartenzäune, Mauern oder Astgabeln sind gleichfalls beliebt. In der Wohnung bieten sich Sitzpolster in Regalen, auf Schränken oder Fensterbänken an.

*Interessant, was sich in Nachbars Garten so alles tut!*

DIE HOHE KUNST DER DIPLOMATIE

## MYTHEN CHECK

**DAS SAGT MAN:**
*»Katzen sind Gewohnheitstiere.«*

**SO IST ES WIRKLICH:**

Ja, das ist richtig. Katzen lieben ein geregeltes Leben, ihre gewohnte Umgebung und ihre vertrauten Menschen. Das gibt ihnen ein Gefühl von Sicherheit. Dabei teilen sie sich den Tag nach einem genauen Stundenplan ein. Müssen zum Beispiel Pfade mit Artgenossen geteilt werden, weil sich Streif- und Jagdreviere überlappen, regelt ein Zeitplan, der pünktlich eingehalten wird, die Nutzungsrechte. Unliebsame Begegnungen werden so vermieden. Dank ihres hervorragenden Zeitgefühls wissen Katzen immer, was gerade angesagt ist (→ innere Uhr, Seite 108). Ihr grandioses Zeitgefühl erstreckt sich jedoch nicht nur auf den Tagesablauf. So manche Mieze unterscheidet zum Beispiel exakt, dass es in der Woche morgens immer pünktlich um sieben Uhr Frühstück gibt, weil ihre Menschen anschließend arbeiten gehen, aber an den Wochenenden oder Feiertagen der Futternapf erst um neun Uhr gefüllt wird, weil Herrchen oder Frauchen ausschlafen möchten. Das wiederum zeigt auch, wie anpassungsfähig die kleinen Tiger sind.

**DAS LERNEN WIR DARAUS:**

Wer es sich mit seinem vierbeinigen Liebling nicht verderben möchte, achtet darauf, Fütterungszeiten möglichst einzuhalten. Kratzbaum, Schlafkorb, Futternäpfe und Toilette sollten tunlichst immer am gleichen Platz stehen. Wer seine Wohnung mit Begeisterung immer wieder umgestaltet, kann bei keiner Katze punkten.

> »DIE MENSCHHEIT LÄSST SICH GROB IN ZWEI GRUPPEN EINTEILEN: IN KATZENLIEBHABER UND IN VOM LEBEN BENACHTEILIGTE.«
>
> FRANCESCO PETRARCA

# REGISTER

Die **halbfett** gesetzten Seitenzahlen verweisen auf Abbildungen

## A
Aberglaube 17, 42, 43
Anhänglichkeit 87, 90, 91
Augenzwinkern 39, 81
Aussichtsplatz 134

## B
Bauernhof-Katze 126, 131
Begrüßung auf Kätzisch 39, 78, 81, 93
Beschäftigung bieten 15, 29, 55
Beschwichtigungsgeste 30, 81
Beutefang 40, 67
Beutetiere 35, 40, 68
Bezugsperson 9, 37, 87, 91, 101
Bindung an den Menschen 9, 11, 35, 38, 103
Blinzeln 39, 81, 91
Bruderschaft der Kater 123

## C/D
Charakter 22
Dämmerungssehen 80, 81
Drohhaltung 90
Duftmarken 15, 79, 80, 130

## E
Entwicklung, Katzenwelpen 118, 120
Erkundungsverhalten 29, 51
Erleichterungsspiel 28, 29
Erziehung 57, 91

## F
Farbensehen 106, 107
Fauchen 74, 86, 90, 92, 118
Fellpflege 60, 65, 66
Fortpflanzung 14
Freigängerkatzen 15, 29, 60, 63, 65, 92, 95, 103, 129, 132
Fremdputzen 25

## G
Gefühle 11, 12
Geruchskontrolle 78, 114, 116
Geruchssinn 78, 79, 118
Geruchsvorlieben 25
Geschlechtsreife 14
Gewohnheiten 77, 103, 104, 135
Gleichgewichtssinn 82, 83
Gurren 92, 93

## H
Harnmarkieren 14
Heimfindevermögen 63, 64
Hörsinn 28, 35, 67, 132

## I/J
Ignorieren 91
Individualität 22, 25, 27, 37, 132
Intelligenz 50, 51
Jacobson'sches Organ 79
Jagdtrieb 77, 95
Jagdverhalten 40, 67, 77, 78

## K
Kastration 14
Katzenbuckel 86, 90
Katzengruppen 114, 115, 122, 123
Katzenjahre, Umrechnung 118
Katzenminze 27
Katzensenioren 132, 134
Knurren 87, 92
Komfortverhalten 52
Kommunikation unter Katzen 27, 28, 39, 40, 41, 79, 80, 92, 93, 130
Koordination 75, 82, 83
Köpfchengeben 79, **79**
Körperpflege 65, 67
Körpersprache 17, 42
Krallen 9, 14, 15
Krallenwetzen 15, 130

## L
Lautsprache 22, 27, 28, 92, 93
Lebenserwartung 10, 15, 118

Leckerlis 106, 107
Lernverhalten 12, 22, 51, 52, 55, 57, 89, 91

## M

Markieren 14, 79, 80
Maunzen 93
Miauen 27, 28
Milch 8, 13, 14
Milchtritt 121
Motivation 48, 52, 57, 107

## N

Nachtleben 64, 65
Nachwuchs 114–117
Neugierde 23, 29, 51, 116

## O

Orientierungssinn 63, 64

## P

Persönlichkeitsmerkmale 22, 25, 27, 37, 91, 132
Prägungsphase 27, 51, 131, 132
Putzen, sich 65, 67
– gegenseitiges 39, 116
– nach streicheln 80
– unter Freunden 25

## R

Reiben, sich 39
Revier 9, 12, 63, 64, 89, 104, 108, 129, 130, 134, 135
Reviermarkierung 79, 122
Revierverhalten 12, 89, 126, 129, 130
Rituale 39, 52, 91, 100, 104, 135
Rolligkeit 14

## S

Schlafen im Bett 91, 92
Schnattern 93
Schnauben 93
Schnurren 30, 31, 39, 92
Seelenverwandschaft 35, 36, 38
Sehen, räumliches 105
Sehsinn 80, 81, 105, 106
Sinne 11, 67, 78, 80, 01, 82, 83
Sozialisierung 11, 131
Sozialverhalten 122, 123
Spielen 9, 14, 29, 42, 48, 49, 52, 55, 65, 77, 78, 91, 95, 101, 109, 120, 134
Spritzmarkieren 14
Sprungvermögen 75, 80
Stellreflex 83
Strecken, sich 52
Streifgebiet 89, 129
Sturz aus der Höhe 82, 83

## T

Tapetum lucidum 80
Territorialverhalten 86, 87, 89, 129
Therapie, tiergestützte 24
Tragstarre 121
Trauerzeit 12
Träumen 104, 105
Treteln 121
Triebstau 29
Trinken 10, 49, 53, 54

## U

Übersprungshandlung 67
Uhr, innere 35, 101, 108, 135

## V

Vergesellschaftung von Katzen 116, 117, 123
Vögel als Beutetiere 68, 69

## W

Wasserscheue 109
Wegerecht 129
Welpenschutz 8, 12, 13

## Z

Zeitsinn 35, 38, 101, 108, 135
Zitzen 121

# ADRESSEN

▶ **Fédération Internationale Féline (FIFe)**, 17 Rue du Verger, L-2665 Luxembourg, www.fifeweb.org

▶ **1. Deutscher Edelkatzenzüchter-Verband e. V. (1. DEKZV e. V.)**, Mühlweg 4, 35614 Asslar, www.dekzv.de

▶ **Deutsche Rassekatzen-Union e. V. (D. R. U.)**, Geschäftsstelle: Hauptstr. 56, 56814 Landkern, www.dru.de

▶ **Fédération Féline Helvétique (FFH)**, Alfred Wittich (Präsident), Büntacher 22, CH-5626 Hermetschwil, www.ffh.ch

▶ **Österreichischer Verband für die Zucht und Haltung von Edelkatzen (ÖVEK)**, Liechtensteinstr. 126, A-1090 Wien, www.oevek.org

▶ **Deutscher Tierschutzbund e. V.**, Baumschulallee 15, 53115 Bonn, www.tierschutzbund.de

▶ **Schweizer Tierschutz (STS)**, Dornacherstr. 101, CH-4008 Basel, www.tierschutz.com, Beratungsstelle Tel. 0041/61/365 99 99

▶ **Österreichischer Tierschutzverein**, Berlagasse 36, A-1210 Wien, Tel. 0043/1/897 33 46, www.tierschutzverein.at

▶ **Gesellschaft für Tierverhaltensmedizin und -therapie e. V. (GTVMT)**, Saselbergweg 32, 22395 Hamburg, www.gtvmt.de

▶ **Institut für Tierschutz und Verhalten**, Tierschutzzentrum, Bünteweg 2, 30559 Hannover, www.tierschutzzentrum.de

Registrierung von Katzen

▶ **Deutsches Haustierregister**, Deutscher Tierschutzbund e. V., Baumschulallee 15, 53115 Bonn, www.deutsches-haustierregister.de

▶ **TASSO e. V.**, Abt. Haustierzentralregister, 65843 Sulzbach/Ts., Tel. 06190/93 73 00, www.tasso.net, E-Mail: info@tasso.net

▶ **Internationale Zentrale Tierregistrierung (IFTA)**, Nördliche Ringstr. 10, 91126 Schwabach, Tel. 00800/43 82 00 00 (kostenlos), www.tierregistrierung.de

Krankenversicherung

▶ **Uelzener Versicherungen**, PF 2163, 29511 Uelzen, www.uelzener.de

▶ **AGILA Haustierversicherung AG**, Breite Str. 6-8, 30159 Hannover, www.agila.de

▶ **Allianz**, Königinstr. 28, 80802 München, www.katzeundhund.allianz.de

Für Haftpflichtfälle: Katzen sind in Ihrer Privathaftpflichtversicherung beitragsfrei mitversichert.

# LITERATUR

▶ Arzt, Volker/Birmelin, Immanuel: **Haben Tiere ein Bewusstsein?** Goldmann Verlag

▶ Bergler, Reinhold: **Warum Kinder Tiere brauchen.** Herder Verlag

▶ Birmelin, Immanuel: **Tierisch intelligent: Von schlauen Katzen und sprechenden Affen.** Franckh-Kosmos Verlag

▶ Hofmann, Helga: **Katzensprache.** Gräfe und Unzer Verlag

▶ Hofmann, Helga: **300 Fragen zum Katzenverhalten.** Gräfe und Unzer Verlag

▶ Leyhausen, Paul: **Katzenseele.** Franckh-Kosmos Verlag

▶ Linke-Grün, Gabriele: **Katzenspiele.** Gräfe und Unzer Verlag

▶ Linke-Grün, Gabriele: **Wohnungskatzen.** Gräfe und Unzer Verlag

▶ Morris, Desmond: **Catwatching. Die Körpersprache der Katze.** Heyne Verlag

▶ Pfleiderer, Dr. Mircea / Rödder, Birgit: **Was Katzen wirklich wollen.** Gräfe und Unzer Verlag

▶ Rödder, Birgit: **Katzen Clicker-Box.** Gräfe und Unzer Verlag

▶ Rüssel, Katja: **Katzen – Clickertraining.** Gräfe und Unzer Verlag

▶ Schroll, Sabine: **Miez, Miez – na komm: Artgerechte Haltung in der Wohnung.** Books on Demand

▶ Schroll, Sabine: **Katzen-Kindergarten: Erfolgreiche Katzenerziehung ab dem ersten Tag.** Books on Demand

## ZEITSCHRIFTEN

▶ **die edelkatze.** Illustriertes Fachmagazin für Katzenfreunde, Verbandszeitschrift des 1. Deutschen Edelkatzenzüchterverbands (→ Adressen)

▶ **katzen.** Zeitschrift der Deutschen Rassekatzen-Union (→ Adressen)

▶ **our cats.** Minerva Verlag, Mönchengladbach

▶ **Geliebte Katze.** Ein Herz für Tiere Media GmbH, Ismaning

## INTERNET

**www.feline-senses.de** Verhalten und Bedürfnisse von Katzen

**www.haushueter.de** Angebote zur Betreuung von Haus und Tier

**www.katzen.de** Themenbereiche: Aufzucht, Erziehung und Haltung

**www.miau.de** Umfangreicher Service mit Tipps für den Katzenalltag

**www.netz-katzen.de** Service und Gesundheit, interaktiver Treffpunkt für Katzenfreunde

**www.tierarztblog.com** Wissensportal für Katzenfreunde

**www.tierheimlinks.de** Linkliste der Tierheime und Tierschutzvereine

**www.tierklinik.de** Tiermedizin

**www.welt-der-katzen.de** Katzen von A bis Z. Neben Haus- und Rassekatzen werden auch wild lebende Katzen vorgestellt.

**www.botanikus.de** und **www.giftpflanzen.ch:** Infos über giftige Pflanzen

## BILDNACHWEIS

**Petra Ender:** 142; **Getty Images:** 43, 51, 76, 93; **Plainpicture:** 30, 54; **Shutterstock:** Cover, 6, 20, 32, 46, 58, 72, 84, 112, 124, Icons (Pfote, Mann, Frau); **Stocksy:** 2, 4, 10, 13, 16, 18, 25, 26, 36, 38, 41, 44, 56, 62, 66, 69, 70, 82, 88, 94, 96, 98, 102, 105, 106, 108, 110, 119, 122, 128, 131, 133, 134, 136; **stock.adobe.com:** 79; **The Noun Project / Nabilauzawa:** Icon Katze; **Trio Bildarchiv:** 117.

## DIE AUTORIN

**Gabriele Linke-Grün** arbeitet seit vielen Jahren als freie Autorin und Journalistin für verschiedene Zeitschriften und Verlage. Für den Gräfe und Unzer Verlag hat sie bereits einige sehr erfolgreiche Heimtier-Ratgeber geschrieben. Eine wichtige Aufgabe sieht sie darin, schon Kinder und Jugendliche über die Ansprüche der verschiedenen Heimtiere aufzuklären, um diesen ein angemessenes und lebenswertes Dasein zu verschaffen. Ihre besondere Liebe gilt Katzen, deren Eleganz und Eigenwilligkeit sie schon immer fasziniert haben. Wesen und Verhaltensweisen der Katzen geben auch heute noch viele Rätsel auf. Gabriele Linke-Grün pflegt Kontakte zu Verhaltensforschern in der ganzen Welt und möchte alle interessierten Katzenliebhaber an den neuesten Erkenntnissen der Wissenschaft teilhaben lassen.

## DIE EXPERTEN

**Dr. Immanuel Birmelin** ist Verhaltensforscher von internationalem Rang und erforscht seit vielen Jahren das Verhalten von Haus-, Zoo- und Zirkustieren. Zudem untersucht er mit seinem Team die Intelligenz von Katze und Hund. Mit Volker Arzt dreht er erfolgreiche Filme, die ein Millionenpublikum begeistern.

**Dr. Helga Hofmann** studierte Biologie, Chemie und Pädagogik mit dem Schwerpunkt Zoologie, insbesondere der Verhaltensforschung. Sie ist Autorin zahlreicher Bücher und Zeitschriftenbeiträge über die heimische Tier- und Pflanzenwelt, speziell aber über Katzen und ihr Verhalten.

**Birgit Rödder** ist Diplom-Biologin mit Schwerpunkt Verhaltensforschung und seit über 20 Jahren als Tierverhaltensberaterin tätig. Sie hat sich 2001 auf die Beratung von Katzenhaltern spezialisiert und bildet angehende Katzenexpertinnen aus. Catility – Verhaltensberatung und Unterstützung, www.catility.de

**Katja Rüssel** ist Katzenpsychologin (ATN, Akademie für Tiernaturheilkunde, Schweiz) und Catsitterin; sie beschäftigt sich intensiv mit dem Lernverhalten der Katze sowie der Kommunikation und Beziehung zwischen Mensch und Tier. Beratung unter: TheraFelis – www.therafelis-katzenberatung.de

**Sabine Schroll** ist Diplom-Tierärztin und Expertin, wenn es um Katzenverhalten und -erziehung geht. Sie führt in Krems an der Donau eine Praxis für Katzen- und Verhaltensmedizin, www.schroll.at

# DIE WERDEN SIE AUCH LIEBEN.

ISBN 978-3-8338-4147-7

ISBN 978-3-8338-4422-5

ISBN 978-3-8338-2410-4

ISBN 978-3-8338-5221-3

 Auch als eBook erhältlich.

Mehr von GU auf www.gu.de und facebook.com/gu.verlag

# IMPRESSUM

© 2019 GRÄFE UND UNZER VERLAG GMBH, München. Alle Rechte vorbehalten. Nachdruck, auch auszugsweise, sowie Verbreitung durch Bild, Funk, Fernsehen und Internet, durch fotomechanische Wiedergabe, Tonträger und Datenverarbeitungssysteme jeder Art nur mit schriftlicher Genehmigung des Verlages.

**Projektleitung:** Anita Zellner
**Lektorat:** Dr. Stefanie Gronau
**Korrektorat:** Annette Baldszuhn
**Bildredaktion:** Petra Ender, Natascha Klebl (Cover)
**Umschlaggestaltung & Layout:** Independent Medien-Design, München: Horst Moser (Artdirection), Lucie Heselich
**Satz:** Ludger Vorfeld
**Herstellung:** Susanne Fuhrmann
**Repro:** Longo AG, Bozen
**Druck & Bindung:** Drukarnia Dimograf Sp.zo.o, Polen

ISBN 978-3-8338-7125-2
1. Auflage 2019

**Syndication:**
www.seasons.agency

LIEBE LESERINNEN UND LESER,
wir wollen Ihnen mit diesem Buch Informationen und Anregungen geben, um Ihnen das Leben zu erleichtern oder Sie zu inspirieren, Neues auszuprobieren. Wir achten bei der Erstellung unserer Bücher auf Aktualität und stellen höchste Ansprüche an Inhalt und Gestaltung. Alle Anleitungen und Rezepte werden von unseren Autoren, jeweils Experten auf ihren Gebieten, gewissenhaft erstellt und von unseren Redakteuren/innen mit größter Sorgfalt ausgewählt und geprüft.
Haben wir Ihre Erwartungen erfüllt? Sind Sie mit diesem Buch und seinen Inhalten zufrieden? Haben Sie weitere Fragen zu diesem Thema? Wir freuen uns auf Ihre Rückmeldung, auf Lob, Kritik und Anregungen, damit wir für Sie immer besser werden können. Und wir freuen uns, wenn Sie diesen Titel weiterempfehlen, in Ihrem Freundeskreis oder bei Ihrem online-Kauf.
Sollten wir Ihre Erwartungen so gar nicht erfüllt haben, tauschen wir Ihnen Ihr Buch jederzeit gegen ein gleichwertiges zum gleichen oder ähnlichen Thema um.

**KONTAKT**
GRÄFE UND UNZER VERLAG
Leserservice
Postfach 86 03 13
81630 München
E-Mail: leserservice@graefe-und-unzer.de
Telefon: 00800 / 72 37 33 33*
Telefax: 00800 / 50 12 05 44*
Mo-Do: 9.00-17.00 Uhr
Fr: 9.00-16.00 Uhr (*gebührenfrei in D,A,CH)

*Ein Unternehmen der*
GANSKE VERLAGSGRUPPE

www.facebook.com/gu.verlag